科技打印未来

探索3D打印技术

葛媛媛　著

中国原子能出版社

图书在版编目 (CIP) 数据

科技打印未来：探索 3D 打印技术 / 葛媛媛著 . --

北京：中国原子能出版社，2020.12

ISBN 978-7-5221-1163-6

Ⅰ . ①科… Ⅱ . ①葛… Ⅲ . ①立体印刷—印刷术

Ⅳ . ① TS853

中国版本图书馆 CIP 数据核字（2020）第 270207 号

内 容 简 介

随着科技时代的到来，3D 打印技术在制造行业发挥着越来越重要的作用。本书从硬件到软件，全面系统地阐述了 3D 打印机的组成、3D 打印材料、3D 打印的成形工艺技术，并着重介绍了 3D 打印技术的核心，即 CAD 建模及其算法，展望了未来 3D 打印技术的发展。本书结构完整、内容全面、语言精简，适合 3D 打印技术爱好者、3D 打印技术初学者使用。相信阅读本书后你一定可以更加全面地了解 3D 打印技术，对 3D 打印有更新的认识。

科技打印未来：探索 3D 打印技术

出版发行　中国原子能出版社（北京市海淀区阜成路 43 号 100048）

责任编辑　白皎玮

责任校对　冯莲凤

印　　刷　廊坊市新景彩印制版有限公司

经　　销　全国新华书店

开　　本　787mm×1092mm　1/16

印　　张　15.75

字　　数　208 千字

版　　次　2021 年 7 月第 1 版　2021 年 7 月第 1 次印刷

书　　号　ISBN 978-7-5221-1163-6　　定　　价　56.00 元

网　　址：http://www.aep.com.cn　　E-mail:atomep123@126.com

发行电话：010-68452845

前　言

　　实验室内，一个超轻的细小精密航空航天零件正在打印生成。

　　广场上，一座公用凉亭在十几分钟内打印成形、拔地而起并投入使用。

　　私人订制商店中，交给店主一张设计图，片刻之后，想要的商品已经生产完成并打包好。

　　……

　　这些科技幻想已经或即将实现，这正是 3D 打印带来的现在和未来的改变。

　　3D 打印技术是制造行业的一次伟大变革，如今各行各业都能看到它的存在，甚至航空航天领域中也有它的身影，其重要性不言而喻。

　　3D 打印技术已经走进我们的日常生活，未来将深刻影响我们的生活。你对 3D 打印技术了解多少呢？ 3D 打印技术的原理是什么？ 如何打印物体？ 3D 打印技术凭借什么被人赞誉？ 答案就在本书之中。

　　本书由易到难、由浅入深地系统介绍了 3D 打印技术的基础知识，带你走入 3D 打印技术的奇幻世界；追溯 3D 打印技术的发展历史，和你一起了解 3D 打印设备的分类和组成；从材料到成形工艺技术，揭开 3D 打印技术的秘密；从 3D 打印技术的核心知识入手，介绍 CAD 软件的使用方法及其相关算法；对现阶段 3D 打印产品的应用情况进行总结，展望未来，了解 3D 打印技术的优势，回顾 3D 打印技术的得与失。

本书特别设计了三个版块："3D 百科"助你快速了解当前 3D 打印技术的前沿知识和最新科技，体会 3D 打印技术的强大；"我说你想"帮你拓展思维，进一步了解 3D 打印相关知识；"快问快答"助你测试实力水平，有效提高对 3D 打印技术的掌握能力。

全书结构清晰，内容丰富，语言通俗易懂，启发性强。通过阅读本书，相信你一定可以掌握 3D 打印技术，从中有所收获。

本书在编撰过程中，参考了不少学者的观点与相关资料，在此深表感谢！同时，欢迎读者提出意见和建议以便交流和不断完善本书，不胜感激！

作者

2020 年 10 月

目 录

第 1 章

神奇的 3D 打印技术

　　科技引领时代发展，3D 打印技术正是我们这个时代科技领域中的创新佼佼者，3D 打印技术应用范围之广超乎你的想象，从仪器设备生产到材料生产，3D 打印技术的使用遍布各行各业。相信你一定听说过 3D 打印技术，但是你真的了解 3D 打印技术吗？

　　3D 打印技术的原理是什么？为什么它可以打印出立体的物品呢？我们是不是想要什么东西就可以打印什么东西？

　　接下来就让我们一起走近 3D 打印技术，去看看它的神奇之处吧。

1.1　走近 3D 打印技术

1.1.1　初识 3D 打印

看到 3D 打印机打印出真实的物品，你会联想到什么？

你听过神笔马良的故事吗？故事中马良依靠一支神笔将画中的物品变成真实物品，帮助了许许多多贫困的人，让人羡慕不已，谁不想拥有这样一支神笔呢？

虽然世界上没有神笔的存在，但是我们有 3D 打印技术，它可以打印出真实物体，就像神笔一样，可以把"画"中的物体变成真的。

那么，3D 打印技术究竟是怎样的一种新科技呢？

3D 打印技术是一项刚刚诞生不久的技术，它仅仅有 30 多年的历史。虽然它很年轻，但是它的影响和用途十分广泛，当前在很多行业中都会用到它。3D 打印技术可以帮你"打印"出你想要的物品，如图 1-1 所示。

（a）3D 打印雕塑作品

（b）3D 打印塑料作品

（c）3D 打印建筑模型

图 1-1　使用 3D 打印机打印出来的物体

说到打印机，你脑海中会浮现出什么样的场景呢？是不是浮现出那种老式打印机摇晃着机身同时喷出墨汁的画面，甚至耳边响起了它吱呀吱呀的声音。

3D 打印机和传统喷墨式打印机类似，它们的工作原理相同（图 1-2），打印机都要和计算机连接，通过计算机文件控制打印机从而打印出我们需要的东西。只不过 3D 打印机打印出的是三维物品，需要的材料也比较特殊。

图 1-2　喷墨式打印机

简单举个例子，可以帮助你更加形象地了解 3D 打印技术。你小时候用沙子堆过城堡吗？城堡是利用一层层沙子堆砌而成，3D 打印技术也是利用该原理制造物品。

3D 打印机接收计算机的指令将材料堆积成产品的过程和我们用沙子堆砌城堡、房屋很类似。在这个过程中，那些粉末状的金属、塑料材料相当于沙子，是我们堆积房屋的原材料。计算机相当于人脑，控制着房屋的形状，负责告诉我们的手什么时候添加材料，放在哪个位置。3D 打印机就像我们的手，接收大脑的指令，将原材料"堆积"成设计好的样子，形成我们想要的产品。

简单来说，3D 打印技术是一种"增材制造"，从字面上很容易理解，这是一个慢慢添加材料的过程。

在打印成形时，3D 打印技术根据数字模型文件指令，使用粉末状金属、塑料等黏性材料，逐层打印堆积，最终成形。

3D 打印机长什么样子呢？和普通打印机一样吗？如图 1-3 所示。

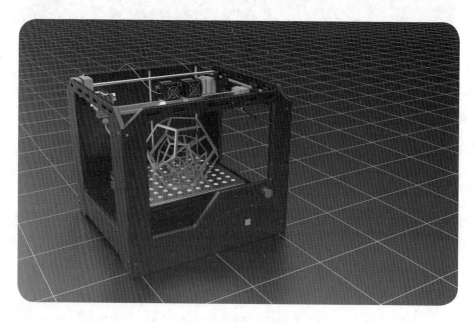

图 1-3　3D 打印机

和普通打印机相比，3D 打印机结构更复杂，体积却更小。从图 1-3 中，我们可以清楚地看到 3D 打印机的内部零件。

3D 百科

3D 打印技术趣味故事

你还记得第一次看到 3D 打印机打印出物品的情景吗？

相信那一定是一段难忘的记忆，明明是一堆粉末，不用任何手工操作，3D 打印机就把原材料变成了成品，在你眼前堆积成一个个真实的物体。

1983 年，液态树脂光固化成形技术问世，这一技术促使世界上第一台 3D 打印机出现，震惊了整个制造行业。

人们争先恐后地发问，那是什么机器？嘴里不停说着这简直是一场魔术，那场面堪比第一次见到火车时的惊奇。是啊，原材料变成立体实物，多么奇妙的事情，无论什么样表示神奇的词语用在 3D 打印技术上好像都不会显得过分。

假如你拥有这样一台 3D 打印机，你最想制造出什么呢？

1.1.2　3D 打印技术的前世今生

3D 打印是一项新兴技术，初问世时很受人追捧，但是仿佛很快就被人遗忘了，3D 打印并不像它刚开始问世时那样被人津津乐道了。

3D 打印技术真的只是昙花一现吗？

实际上，人们在很早之前就开始探索 3D 打印技术，只是最近几年它才走入寻常百姓家，大众才开始了解它。在这之前，3D 打印技术已经默默地在制造行业做了很多贡献，有着不可取代的地位。

追溯 3D 打印技术的发展史，我们会发现，3D 打印技术是如此重要，虽然没有形成第三次工业革命，但这无疑是一次创造性的变革，它冲击了现有的制造行业，提供给我们更大的可能性，让我们找到了新的科技发展方向。

自从第二次工业革命以后，人类发明了各种各样的机械工具，装配了生产线可以批量生产物品。一直以来，人类制造复杂的物品都会使用机器切割现有的材料来组装物品。但 3D 打印从另外的角度向我们阐述了物品制造的另一种方法，那就是通过层层堆积的方式，直接把原材料变成物品，减少浪费，如图 1-4 所示。

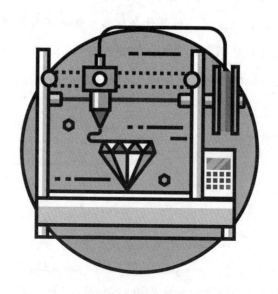

图 1-4　3D 打印机制造物品

物品不仅可以由宏观存在的物体组合而成，也可以由细小的组织分子堆积而成。

3D 打印技术的思想从何而来？是哪位天才提出的用这一方法制造物品？这个创造过程会不会像牛顿发现万有引力那样具有故事性？很遗憾，

3D 打印技术的诞生并不具有传奇色彩。

事实上，3D 打印技术是一群科学家努力的成果，1892 年，有科学家提出了"分层构造法"构成地形图的设想，这也为 3D 打印技术中"增材制造"的思想提供了指导，初步为 3D 打印技术的诞生提供了理论基础。

1902 年，卡罗基地的专利中提出用光敏聚合物制造塑料件的原理，这为 3D 打印技术的光固化技术提供了可能性。

1940 年，佩雷拉提出了粘结"三维地图"的方法，为 3D 打印技术的算法提供了理论支持。

1950 年之后，3D 打印相关专利层出不穷，但 3D 打印技术真正有所根本性突破是在 1983 年，这一年，著名发明家查尔斯·赫尔发明了液态树脂光固化成形技术，之后与计算机绘图技术结合，3D 打印技术在这时已经初具形态。

1988 年，由查尔斯·赫尔成立的 3D Systems 公司根据液态树脂光固化成形技术生产出第一台光固化 3D 打印机——第一台真正意义上的 3D 打印机，为 3D 打印技术的发展打开了新的篇章，3D 打印技术迎来了迅速发展的阶段。

自此之后，3D 打印设备和工艺如同雨后春笋般纷纷涌现。1988 年，迈克尔·费金发明了分层实体制造成形技术，1989 年，伊曼纽尔·萨克斯申请了 3DP 工艺专利。仅在 1989—1999 年间，就先后出现了十余种新型工艺和相应的 3D 打印设备。

美国斯特塔西公司生产的熔融沉积成形（FDM）设备、Helisys 公司生产的叠层实体制造（LOM）设备和以色列 Cubital 公司生产的实体平面固化（SGC）设备实现了商业化，直到现在，这些公司仍旧活跃在 3D 打印技术的舞台上。

至今，从工业级的 3D 打印机到现在桌面级的 3D 打印机，3D 打印技术已经走寻常百姓的生活中。

3D 打印技术之父

你知道 3D 打印技术是谁发明的吗？你知道他的生平吗？每一位改变我们生活方式的科学家都应该被记住。

查尔斯·赫尔是美国的一位发明家，他在发明界获得了很多奖项，最值得被人称道的是他发明了 SLA 3D 打印技术，3D 打印技术由此正式诞生。

查尔斯·赫尔被称为 3D 打印技术之父，并于 2014 年获得"欧洲发明家奖"提名，不仅如此，他还是 3D Systems 公司的联合创始人，于 1986 年在加州成立了 3D Systems 公司。

1.1.3　3D 打印和普通打印的区别

有人说，普通打印和 3D 打印最大的区别就是维度问题，事实果真如此吗？它们之间的区别只有这个吗？

普通打印机接收计算机传过来的代码，经过打印机的接口电路的处理送到打印机的主控电路，在程序的驱动控制下，打印出文字或图形，属于点阵式排列，逐行打印，最终打印出文件，如图 1-5 所示。

图 1-5 普通打印机

普通打印机利用的是喷墨原理,油墨根据文字的分布位置喷到纸上形成相应的文字,属于二维打印。不论我们的文件是什么样子,哪怕是空白文档,只要我们点击"打印"按钮,我们依旧会得到我们想要的东西。

3D 打印虽然冠以打印之名,其实它的本质是"制造",属于生产制造的一种,只是方式比较特别,与打印十分类似,利用打印机的原理打印出立体物品。3D 打印机把原材料熔化为液体,经过挤压头喷到工作台上,一层层打印,最终形成实物,如图 1-6 所示。3D 打印对文件的要求十分严格,如果我们输入的 STL 文件有误,可能什么都打印不出来。

图 1-6 3D 打印机在打印物品

　　图 1-6 是 3D 打印机熔化塑料丝进行打印的过程，可以看到打印头是一层层累积材料形成实物的。打印时间会根据物体的实际大小而有所不同，少则数小时，多则几天。3D 打印机利用分层制造方法，层层堆积，从三个维度打印出立体物品。

　　3D 打印和普通打印之间有很多区别，并不完全相似，二者的区别如图 1-7 所示。

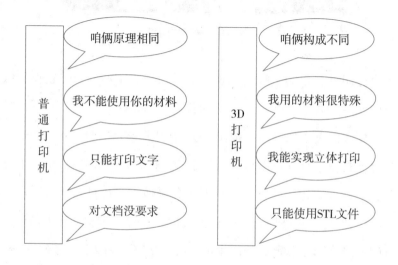

图 1-7　3D 打印机和普通打印机的区别

　　普通打印机在纸张上按照接收到的信息喷绘黑色墨水形成文字或图案。3D 打印机则是按照接收到的信息"喷绘"金属材料或者塑料材料的粉末形成一层图层，然后逐层添加，最后累积形成实物。二者之间结构组成不相同，所使用的原料和接收的信息完全不同，只是"打印"过程类似。

我说你想

3D 打印机所需要的文档会有哪些"特殊"之处呢？

对普通打印机来说，文件格式无论是 PDF 还是 Word 文档计算机都可以识别并打印出来。

3D 打印机需要打印立体物品，它需要的文档是 STL 文件，也被称为 3D 模型文件，这是文件的一种格式，里面是物体的三维模型。

你来想一想，STL 文件中存储的是描述物体外观的文字还是物体外观的图形呢？除了这两种形式，你还能想到什么其他形式吗？

在实际打印过程中，STL 文件会被处理成 3D 打印机可以接收的命令指令——代码。不同于普通文件，STL 文件只可以用特定的软件打开并看到模型，存储方式是二进制文件。

1.1.4 纵观古今，3D 打印技术现状

2020 年 5 月 5 日，3D 打印机随着长征五号运载火箭飞进了外太空，人们又一次把目光聚焦在 3D 打印技术上。在太空的环境中开始 3D 打印实验，对于我国来说，是第一次；在太空中开展连续纤维增强复合材料的 3D 打印实验，在国际上，更是首次勇敢尝试。

事实证明，一项新的技术是否拥有强大的生命力，不在于它是否有很高的知名度，而是它是否拥有强大的发展潜力。

实际上，作为一种新兴技术，3D 打印技术从发展之初，制造行业人士就对它抱有极大的希望，在模型制造领域，它有着不可替代的优势。随着

科技水平的提高，现在甚至可以制造一些直接拿来使用的产品，3D 打印让物体获得更简便（图 1-8）。

图 1-8　打印笔让 3D 打印更便捷

1.3D 打印近十年取得的成就

任何事物的发展都不是一帆风顺的，同样，一项新的科学技术也总会遭受人们的质疑。

3D 打印技术刚刚走进人们的生活时，着实掀起了一阵学习狂潮。人们震惊于它的神奇，甚至有人称它是第三次工业革命。

然而，随着时间的逝去，人们对它的学习热情也如潮水般退去，渐渐地 3D 打印技术仿佛销声匿迹了一样。

3D 打印技术真的是你所想象的那样"凄惨"吗？它真的"没落"了吗？

回顾最近几年 3D 打印技术的发展，我们很容易得出这样一个结论：

原来在不知不觉间，3D 打印技术在很多领域已经有所作为。

2010 年 11 月，美国 Jim Kor 团队使用 3D 打印机打印出了第一辆汽车 Urbee。

2011 年 7 月，世界上第一台 3D 巧克力打印机在英国问世。

2012 年 11 月，苏格兰科学家首次打印出人造肝脏组织。随着 3D 打印机技术的进一步发展，可以打印出的器官越来越多，比如心脏（图 1-9）。

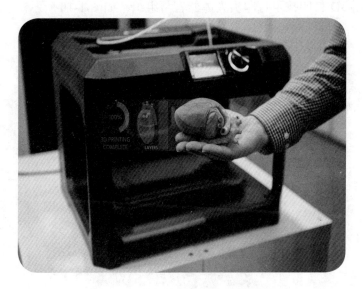

图 1-9　3D 打印机打印的心脏模型

2013 年 11 月，美国出现 3D 打印金属手枪。

2018 年 12 月，俄罗斯宇航员在零重力的情况下，使用 3D 生物打印机打印出了实验鼠的甲状腺。

2019 年 1 月，美国利用快速 3D 打印技术，首次制造出脊髓支架，并通过手术帮助大鼠恢复运动功能。

2010 年到 2019 年间，3D 打印技术在各行各业都取得了可喜的成绩，事实证明，3D 打印技术不仅没有被人遗忘，而且得到了巨大的发展。

在国外，有很多专业生产、研制 3D 打印设备的知名企业，这些名企大多成了 3D 打印技术的主要商业供应商。前美国总统奥巴马曾斥资 700 万美元建立 3D 打印研究院，也有很多科学家利用 3D 打印技术创造了不少引人瞩目的成果。

3D 打印技术在生物医学上更是起到了很大的作用，生物科学家利用 3D 打印技术打印出人类的脏器等器官，对研究其生物特性有很大的帮助，比如利用 3D 打印技术打印出人体器官与组织，如图 1-10 所示。

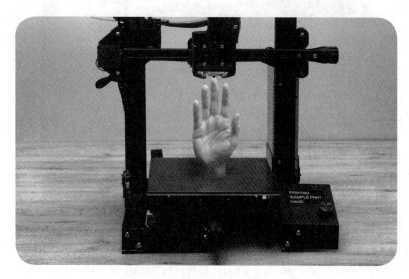

图 1-10　利用 3D 打印技术打印形成的手

在航空航天、船舶、武器装备等领域，3D 打印技术更是大显身手，3D 打印技术受到了越来越多人的肯定，亦有越来越多的人投身于 3D 打印技术领域。

2. 我国 3D 打印的现状

在我国，3D 打印技术也有着非常广阔的前景。近几年来，我国大力开展对 3D 打印技术的探索和研发，我国正在逐渐缩小和发达国家的差距，整体技术水平稳步提高，甚至在某些领域处于世界领先水平，比如激光成形钛合金构件技术，中国是世界上唯一掌握这项技术并成功使用的国家。

不同于国外有专门的生产 3D 打印设备的公司，我国主要凭借高校的科研人才和先进设备，利用校企合作的形式开展 3D 打印设备的商业化发展，相关企业依托高校的优势研发和生产 3D 打印设备。这些高校包括清华大学、西安交通大学、华中科技大学等，主要研制 SLA（光固化技术）类型的 3D 打印机，该技术成熟、应用广泛。

SLS（选择性激光烧结技术）类型的 3D 打印设备在我国已有较为成熟的商业化生产。2005 年之后，这些生产单位成功研制了世界上最大工作台面的 SLS 设备（$1.0 \times 1.2 \times 1.4$ m），可以打印大尺寸制件的 3D 打印机，满足了我国对大型飞机、舰艇、机床等设备零件的需求，提供了重要的技术平台。

2013 年，我国高度重视 3D 打印技术的研发和应用的，提倡企业抓紧落实 3D 技术的产业化发展。随着我国科技水平的提高，3D 打印技术的应用范围日益增大，应用领域越来越广。

在制造行业中，很多企业先后引进了 3D 打印技术，尤其是汽车制造企业，利用 3D 打印技术可以精准打印出汽车零件，有的企业还专门建立了 3D 打印部门。

3.3D 打印技术的不足

3D 打印技术发展缓慢，主要表现在制造成形方面效率不高，一些工艺制件存在尺寸不精准、稳定性差等问题。但这些方面会随着 3D 打印技术的成熟而逐渐完善。目前，3D 打印技术主要是受材料的种类和性能的制约，特别是在金属材料制造领域还有很大的不足。

随着人类对科技的不断探索，科技水平的进一步提高，这些问题终有一天会得到解决。3D 打印技术逐渐会在各个领域发挥自己的优势，会被越来越多的人所喜爱和肯定，会对社会发展起到越来越重要的作用。

3D 百科

最长的 3D 打印桥

2019 年 7 月，河北工业大学利用 3D 打印技术打印了一座装配式混凝土 3D 打印赵州桥，该桥获得"最长的 3D 打印桥"称号。

这座由 3D 打印机打印而成的赵州桥，桥长 28.1 m，净跨径为 17.94 m，是根据实际赵州桥 1∶2 的比例缩尺打印的。该桥目前坐落于河北工业大学北辰校区。

事实证明，3D 打印也可以胜任大型物品的制造，不仅可以制作房屋、桥梁的模型，也可以制造出投入使用的建筑。

1.2　3D 打印技术的打印过程

1.2.1　3D 打印流程的秘密

众所周知，普通打印机的打印流程简便易操作：第一步，连接好计算机和打印机，检查连接是否正确；第二步，把纸张放进打印机中；第三步，把需要打印的文件导入计算机中；第三步，在计算机上点击打印，打印机就会在纸张上打印我们需要的内容。

3D 打印机是如何一步步完成打印的呢？会和普通打印机的工作过程一样简单吗？会不会还有其他隐藏的步骤？

相比于工业上使用专门的机器制造然后经过一系列处理得到实物，3D 打印机打印实物的过程就简单许多，也方便很多。3D 打印实物模型的过程可以说是物体从 3D 到 2D 然后再到 3D 的转换过程，步骤并不复杂。

首先通过 CAD 建模软件建立一个三维模型，然后进行切片处理形成 STL 文件，最后计算机导入文件和 3D 打印机相连，打印机根据文件指令就能打印出实物模型，如图 1-11 所示。

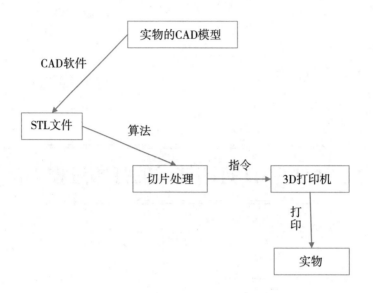

图 1-11　3D 打印机打印实物的完整过程

3D 百科

3D 打印 Reprap 项目

在 3D 打印技术还没有免费对个人爱好者和消费者开放时，普通人想要接触到 3D 打印技术几乎是不可能的。3D 打印技术多被用在军事和工业领域，属于高科技，也是一项昂贵的技术，个人无法承担其研究费用。

2009 年，Reprap 项目开启，这个项目召集了世界各地优秀的程序员创建了开源代码库，3D 打印技术才随之走入大众视野，个人爱好者们才能免费接触到 3D 打印技术，现在我们可以直接用 CAD 建模软件将三维模型保存为 STL 文件，不用担心代码问题。

1.2.2　从实物到文件的过程

进行普通打印只需要准备 Word 文件即可。但 3D 打印需要的是 STL 文件，在设计软件和打印机之间的标准文件格式就是 STL 文件。

3D 打印机最终的目的是打印立体物品，这就决定了 STL 文件的特殊性，STL 文件使用三角面模拟物体表面，无数个三角面组成物体结构，这是一个从实物到文件的过程。

我们如何生成这个特殊的 STL 文件呢？会需要很复杂的步骤吗？

这个问题完全不用担心，使用专门的 CAD 建模软件可以生成 STL 文件。

首先，我们需要把打印的物品通过 CAD 软件建立三维模型，或者利用三维照相设备直接获取三维模型，或者利用数据手套获取三维数据进而生成三维模型。该模型可以看作实际物品的电子文件，该电子文件是三维模型，包含着我们需要打印的物体的长、宽、高等一系列信息。

其次，CAD 建模软件会对物品的三维模型进行切片处理，生成打印机可以识别的 STL 文件。

最后，3D 打印机会根据 STL 文件的描述来控制 3D 打印机的固件进行打印。

从实物到文件的过程如图 1-12 所示。

1.2.3　从文件到实物的过程

STL 文件如何从文件变成实物呢？在不了解 3D 打印机的情况下我们觉得这几乎是天方夜谭，文件怎么可能变成实物。

3D 打印机则实现了这个过程，只要你有相对应的文件和材料，不需要你动手，实物就会出现在你眼前。

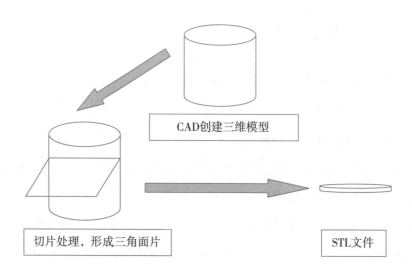

CAD创建三维模型

切片处理，形成三角面片

STL 文件

图 1-12　从实物到 STL 文件的过程

3D 打印机是怎样把文件变成实物的呢？

跟普通打印机的流程相似，我们可以简单地把 3D 打印过程分为 4 个步骤，经过这 4 个步骤我们就可以看到 3D 打印机打印的实物。

第一步，检查计算机和 3D 打印机的连接情况。

第二步，把需要打印的物品的原材料放进 3D 打印机中，比如打印塑料制品需要我们把一盘硬的塑料丝放在 3D 打印机齿轮上。

第三步，得到可以传入 3D 打印机的 STL 文件。

第四步，按下打印键，3D 打印机开始打印。

3D 打印机的打印过程如图 1-13 所示。

从文件到实物，3D 打印机轻松就完成了这个看似不可思议的过程，其中的原理虽然简单，它的实现却耗费了很多科学家的心血。从无到有，是前人的成果。如何做到从有到优秀就是我们这代人的任务，可谓是任重而道远。

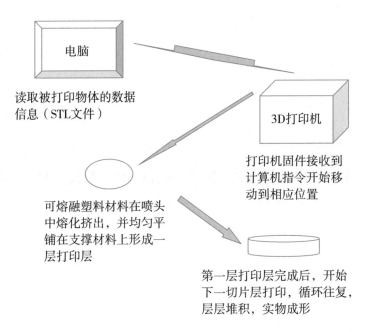

图 1-13　3D 打印的全过程

我说你想

3D 打印机和用程序控制移动的机器有什么差别呢?

普通机器的运作需要输入计算机代码指令来实现,比如我们使用 C 语言控制机器直行、转弯等操作。那么,对于 3D 打印机来说,是什么控制 3D 打印机的打印头来回移动呢? 会是代码指令吗? 如果没有代码指令,能否精准控制打印头的轨迹呢?

3D 打印机接收的同样是代码指令,根据这些指令移动喷头的位置,打印出每一层的形状,最终形成产品。

不同的是,我们不用输入这些代码指令,只需要控制 STL 文件的生成,3D 打印机会自己处理 STL 文件生成代码指令。想一想,现实生活中还有什么机器和 3D 打印机移动原理相同呢?

1.3　3D 打印技术的优点——快、好、省

1.3.1　3D 打印技术 VS 传统制造技术

为什么 3D 打印技术引得无数科学家前仆后继地去研究？因为它值得！一项有价值的新技术的诞生必然会改变既有的格局。

与传统制造技术相比，3D 打印技术有很大的不同（图 1-14）。

对比来看，3D 打印技术的优点显而易见。在现阶段，3D 打印技术的多行业应用，也具有重要优势。

也许我们可以用更加简练的一句话来描述 3D 打印技术的优点，那就是 3D 打印技术制造周期快，产品质量好，节省原料，制作成本低。随着科技水平的发展，3D 打印技术的优势将会变得越来越明显，将会被越来越多的人所认识。

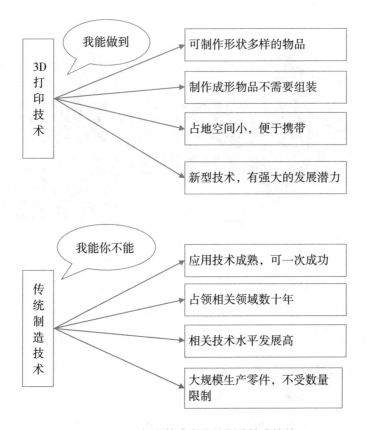

图 1-14　3D 打印技术和传统制造技术比较

1.3.2　迅速打印出产品，速度优

为什么说 3D 打印技术的优点之一是快呢？因为它省去了很多中间环节，直接打印出成品，我们可以从以下几个方面进行探讨。

第一，使用 3D 打印技术制作多种形状物品无压力。

对于传统制造方法来说，习惯于用机器制造，但是机器制造设备功能少，可以制作出的形状少之又少。但 3D 打印机可以根据 STL 文件打印出各种形状的物品（图 1-15）。

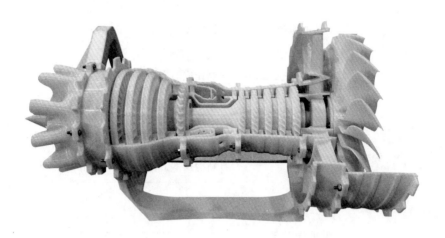

图 1-15　3D 打印的形状奇特的模型

使用 3D 打印技术可以直接打印出完整的产品，可以根据自己设计的产品形状进行打印，无论你需要打印的物品形状多么"奇特"，3D 打印机都可以按照形状进行打印。

第二，不需要组装，让机器"嫉妒"。

机器制造出来的多是产品零件，大多情况下我们需要自己组装，这无疑会花费一定的时间和人力。3D 打印机就完全没有这种顾虑，要知道 3D 打印机可以直接打印出成形的产品，省去中间组装、切割等环节，不仅减少制作成本，也能减少污染。

第三，材料组合突破想象力。

随着多材料 3D 打印技术的发展，我们可以融合不同的原材料创造出不一样的产品，大大节约了生产制造的时间。

1.3.3　精准打印出产品，质量佳

产品制造，最令人担心的问题会是什么？当然是产品不合格，而大多

数的零件制造产品可能都卡在尺寸上。随着科技产品的更新换代，我们对产品精度有了更高的要求。

以制造模型为例，我们最担心的就是精确度的问题，毕竟"失之毫厘差之千里"，而 3D 打印技术的优点之一就是打印出的产品质量佳（图 1-16）。

图 1-16　3D 打印技术打印而成的零件

想象一下，利用计算机控制精确度，不管多么小巧精致的物品都能完美打印出来，还用担心产品不合格吗？

传统制造业中的机器大都是"庞然大物"，动辄占据几个平方米的空间，如果我们使用 3D 打印机打印小商品的话，可以使用 FDM 类型的 3D 打印机，这类打印机的体积也就相当于微波炉那么大，十分方便携带。

1.3.4　简单操作打印出产品，成本低

如果要去操作工厂中的那些大型机器生产某些零件，很多人肯定会连连摆手表示无法胜任。

对于那些可以自动化生产的机器来说，需要熟练的专业人员进行操作，比较依赖技术人员的经验和技术知识。

但如果有机会体验一下，你想不想试试操作 3D 打印机呢？

3D 打印机的操作非常简单，几乎不需要任何专业知识，我们只需要得到正确的 STL 文件就可以打印出产品。

使用 3D 打印技术打印产品还有一个很好的优势，那就是降低成本，它可以从以下几个方面来减少成本。

第一，制造复杂物品只需要改变 STL 文件，不需要额外增加制作成本。如果我们想制作一座建筑的模型，根据建筑的难易程度，形状越是复杂，制造成本就越高。但是，如果使用 3D 打印技术进行打印，我们只需要相应改变 STL 文件，并不会增加额外的制作成本。

第二，材料利用率高到不可思议。这个优点主要体现在金属、塑料产品制造方面（图 1-17），使用塑料丝作为原材料加工产品，利用率可达90% 以上。传统的金属加工制造行业，浪费现象十分惊人。产品制造完成，我们无法再利用剩下的原材料，结果导致有一大半的金属原材料被丢弃。如果使用 3D 打印技术，也许有一天我们可以实现金属原材料利用率为百分之百，实现零浪费。

3D 打印技术能走得更远吗？看好它的人说，3D 打印技术是一项颠覆性革命，把工厂搬上了我们的桌面，3D 打印技术未来可期。也有对之不屑一顾之人认为，现有的机器制造已经足以满足人们的需求；3D 打印技术受材料、技术制约比较大，现阶段难以出彩。

图 1-17　3D 打印中的塑料丝材料及其产品

　　但无论如何，3D 打印技术确实有传统制造业无法企及的优点，能够弥补传统制造业的不足之处，也许把它当作生产制造的一个补充环节来看会更加合适。

Q A **快问快答**

　　追溯 3D 打印技术的过去，探讨 3D 打印技术的现在和未来，你对 3D 打印技术是不是更加了解了呢？现在你知道什么是 3D 打印技术了吗？它和我们生活中常见的哪些技术类似？

　　和普通打印的过程进行比较，你能说出 3D 打印技术打印实物的过程吗？想一想在这个过程中哪个环节和普通打印有明显的不同。

　　3D 打印技术有很多优点，它的某些优点是现在传统制造业无法达到的，说一说 3D 打印的哪些优点是令你印象最深刻的、最难以忘怀的。

科技打印未来:探索3D打印技术

第 2 章

硬件设施奠定 3D 打印的基石

　　在 3D 打印技术发展史中，3D 打印机的出现可以说是留下了浓墨重彩的一笔。3D 打印机的出现，奠定了 3D 打印的基石。

　　了解 3D 打印机的组成，有助于我们全面了解 3D 打印技术，我们在操作 3D 打印机进行打印时，过程也会更加顺利。

　　如果我们熟悉 3D 打印机的硬件控制系统并了解每个组成部分，就可以避免操作不当导致打印失败的问题，因此了解 3D 打印机的硬件组成结构很有必要。

2.1　3D 打印机，打印立体物体第一步

2.1.1　认识 3D 打印机

世界上第一台 3D 打印机诞生于 20 世纪 80 年代初期，而后，3D 打印机开始应用在工业制造领域，科学家们纷纷发现 3D 打印技术的优点并投身其研究中。

随着科技的发展，3D 打印技术也开始在民用市场崛起并引起大众关注，普通民众对于 3D 打印技术的兴趣也越来越浓厚。在此基础之上，3D 打印机的需求日益增加，人们开始想要了解更多的 3D 打印技术知识，想一探究竟 3D 打印机的样子，以及它是如何工作的。

一个完整的 3D 打印过程是由两部分协同完成合作的，即硬件系统与软件系统，前者实现打印，后者操控打印（图 2-1）。

我们需要分别了解这两大组成系统，才能系统地掌握 3D 打印技术。了解硬件系统是我们学习 3D 打印技术的第一步。

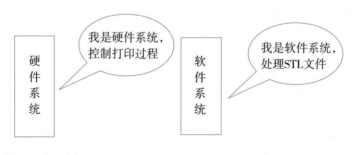

图 2-1　3D 打印系统构成

2.1.2　硬件系统构成

我们了解一个新的机器最快捷的方法是什么？没错，就是仔细研读说明书。说明书中会有该机器的结构说明和详细操作步骤，我们可以根据说明书迅速了解并熟悉一个机器的操作方法。同样，我们在学习使用 3D 打印机时，需要了解 3D 打印机的机身结构，清楚它的操作方式。

市面上有很多种类型的 3D 打印机，你清楚 3D 打印机的类型吗？你知道每种类型打印机的特点吗？

不同类型的 3D 打印机的硬件系统各不相同，不同品牌的 3D 打印机的性能各有优劣，常见的 3D 打印机如图 2-2 所示。

图 2-2 中是一款市面中最常见的 3D 打印机，是 FDM 类型的 3D 打印机，结构简单，其硬件系统由 3D 打印机的机械结构子系统和硬件控制子系统组成，它们的功能以及作用如图 2-3 所示。

机械结构子系统会因为 3D 打印机类型的不同而有所改变，比如 FDM 类型的 3D 打印机有加热板，SLA 类型的 3D 打印机则没有这种结构。

图 2-2　常见的 3D 打印机

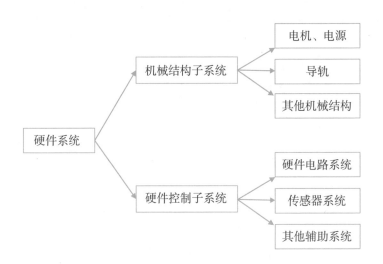

图 2-3　3D 打印机硬件系统组成

3D 百科

世界上最大的 3D 打印机

你知道世界上最大的 3D 打印机体积有多大吗? 世界上最大的 3D 打印机是中国盈创房屋 3D 打印机, 没想到吧?

听到名字就知道它为什么会是体积最大的 3D 打印机了, 因为它可以打印房屋。

这个最大的 3D 打印机长 150 m, 宽 10 m, 高 6.6 m。要知道, 一间普通的房屋长 5 m, 宽 4 m, 高 3.3 m, 都算是比较大的了, 现在你可以想象它有多大了吧。

该 3D 打印机凭借体积的优势, 可以通过分层混合水泥和玻璃纤维打印出一个个建筑模块, 这些建筑模块的体积都很庞大, 然后组装这些模块形成房屋、别墅, 甚至是 5 层的楼房, 实现了 3D 打印技术的又一突破。

2.2　3D 打印机的两大家族

2.2.1　3D 打印机的种类

3D 打印机的种类有很多，生产 3D 打印机的公司也有很多，那你清楚 3D 打印机的分类吗？为什么可以这样分类？

就如同我们会根据所使用的系统不同将手机分为安卓系统和苹果系统两类，3D 打印机的制造工艺不同，设备也会有所不同，可以大致分为两类。

一类是利用熔融沉积技术将原材料熔化然后层层堆积形成物品，这类打印机将丝状热熔性材料熔化，通过喷头挤喷出来，将原材料沉积为层，我们形象地把它称为"熔融沉积成形（FDM）打印机"。

另一类是利用激光将原材料固化（SLA 技术）或者熔化（SLS 技术）形成一层薄面或切割成一个薄面层形状（LOM 技术），逐层累积最终形成物品，这类打印机被我们形象地称为"选择性黏合打印机"。该类打印机成了工业上的主流 3D 打印机，典型代表是 SLA 类型的 3D 打印机和 SLS 类型的 3D 打印机。

我说你想

SLA 和 FDM 技术能否结合形成 3D 打印机?

FDM 类型 3D 打印机不需要使用激光使薄层固化，依靠的是材料本身的特性，比如塑料材料经过高温熔化但很快就会沉积变成固体。

SLA 类型的打印机依靠的是光敏聚合反应，即树脂等光敏聚合物遇到光会起反应，发生固化。

现在请你思索这样一个问题，FDM 工艺技术和 SLA 工艺技术会有明显的界限吗? 在 FDM 类型的 3D 打印机中能否使用 SLA 工艺技术呢?

2012 年，以色列的一家公司开发了一款名为 Polyjet 的打印机，就结合了这两种技术，使用光敏聚合物塑料沉积，通过紫外光线固化。

实际上，这两种技术虽然属于不同的家族，但是并没有明显的界限，3D 打印机的制造也可以结合不同的技术。

2.2.2 FDM 类型的 3D 打印机

FDM 工艺技术是一种熔融沉积成形工艺技术，利用高温熔化材料，打印头挤出材料后冷却固化，层层堆积形成立体实物。

FDM 类型的 3D 打印机是什么样子的? 我们需要了解它的机械组成结构，了解每部分结构的作用，这样才能更好地操作它。

FDM 类型的 3D 打印机结构并不是很复杂，除去机身结构，它的组成结构和作用如图 2-4 所示。

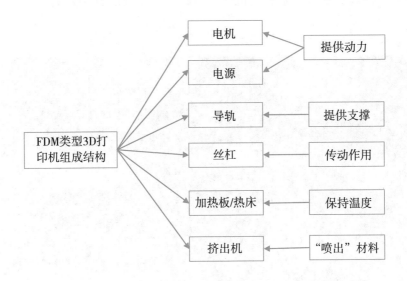

图 2-4　FDM 类型 3D 打印机组成结构

下面，我们就从 FDM 类型的 3D 打印机各个组成结构开始，详细了解它们的功能吧。

1. 电机的要求

电机作为 3D 打印机的主要部件，负责控制 3D 打印机的运动，是必不可少的部分，也是重中之重。电机的选择可以说是决定了系统的设计，如果对 3D 打印机的精度要求不高，我们就选择步进电机，FDM 类型的 3D 打印机就可以选择步进电机，如图 2-5 所示。

从图 2-5 中，我们可以看到步进电机是由一个系统组成的，并不只是单独的一个电机，它具有以下几个特点。

（1）步进电机的精度不是很高，其步进角度为 3%～5%。

（2）步进电机的温度比较高，在某些情况下会降低磁性材料的磁性，发生退磁现象，所以一般将电机外壳最高温度设置在 80℃左右。

图 2-5　步进电机

（3）步进电机运转速度有限制，如果高于一定转速就无法启动，同时如果转速升高，步进电机的力矩会下降。

步进电机是怎样对 3D 打印机固件进行控制的？它在 3D 打印机中承担着什么样的"角色"呢？

步进电机的结构组成如图 2-6 所示。

步进控制器通过输入脉冲信号到环形分配器中，经过功率放大器放大脉冲信号，然后驱动步进电机发生运行，开始旋转，带动 3D 打印机的固件开始移动。

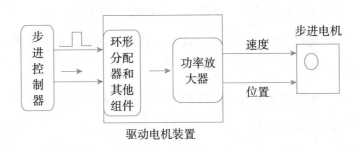

图 2-6　步进电机控制系统组成

在控制电机移动过程中，我们输入的是脉冲信号序列，输出的是相对应的增量位移或运动位移。所以，我们需要解决的问题是如何产生一个周期性的脉冲序列。

由 $T = 1/f$ 这个公式可知，我们可以通过脉冲频率来控制步进电机的运行速度，通过脉冲个数控制电机运行的位置。

电机的旋转速度和输入的脉冲信号的频率对应关系十分严格，它们二者必须不受任何外界因素的影响，比如电压波动和负载变化，所以我们采用单片机来进行控制，产生一个周期性的脉冲序列，如图 2-7 所示。

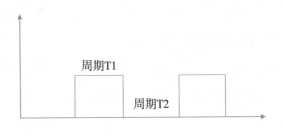

图 2-7　脉冲信号

为什么对于 FDM 类型的 3D 打印机我们会采用步进电机呢？因为步进电机有以下几个方面的优点。

（1）步进电机可以将脉冲信号转变为角位移或者线位移，这样在不超载时，电机的速度和位移就只受脉冲信号的频率和个数影响。

（2）如果我们想把打印头放到确定的目标位置处，只需要控制脉冲个数来控制角位移量。

（3）如果我们想要准确控制打印头的转速，只需要控制脉冲的频率来控制电机的转速和加速度。

（4）步进电机使用细分功率放大器，可以基本消除共振现象，最大限度减少外界因素影响。

（5）步进电机使用开环的控制方式，不需要反馈信号，所以不用收集信号，结构简单，更易于控制。

基于步进电机以上几个优点，而且价格相对便宜，又考虑到 FDM 类型的 3D 打印机对于精度要求不高，不要求高速运转，所以我们会使用步进电机。一个简单的 3D 打印机只需要 4 ~ 5 个步进电机即可满足需求，通用的 42 型步进电机就可以胜任。

2. 电源的要求

电源提供着 3D 打印机运行的能量，为 3D 打印机的硬件系统提供动力，我们该如何选择合适的电源呢？

电源的选择也不是一件简单的事情，我们既要考虑到电机的承载能力，还要注意最高的电流标值，保护整个电路板不会因为过高的电流被烧毁。

首先，电机的电流一般为 0.2 A ~ 0.3 A，步进电机标值在 1 A 左右，所以我们在选择电源时要注意不要超过 0.3 A，不要选择 220 V 的交流电直接供电。

我们可以选择 12 V/200 W 的开关电源，用来提供 12 V 的电压，也可以使用计算机上的 ATX 电源。我们在选择 3D 打印机的电源时还应该注意以下几点。

（1）输入的电压范围要符合全球使用标准。

（2）在安全的情况下，电源的选择要满足体积小、重量轻的要求。

（3）电源使用的效率要高，不能造成过多浪费。工作时温度要低，一旦电源工作时产生的温度过高，就会影响电机等设备的工作。

（4）要求软启动电流，尽量降低 AC 输入冲击。

（5）保持恒压，具有过压可以自动恢复的功能。

（6）具有较高的抗干扰性能。

（7）具有较小的直流波纹。

（8）具有较好的绝缘性，抗电强度高。

电源的选择并没有我们想象中那样简单，如何选择合适的电源也是一门学问，你学会了吗？

3. 导轨的要求

导轨是用来支撑和引导运动的零件，可以做直线或圆的运动。

FDM 类型的 3D 打印机的导轨的作用是给定方向做往复直线运动，通常是在平面 x、y 轴上运动，所以我们需要使用直线运动的导轨，如图 2-8 所示。

3D 打印机一般使用直径 8 mm 的光轴导轨，光轴导轨是圆柱形，它的结构简单，容易安装，行走速度流畅，维修方便，使用的时间长。

近两年，开始流行使用 VSLOT 导轨，这种类型的导轨成本低，零售价更有优势。

当然，你也可以使用高精度直线导轨，这算是导轨中的顶级配置了，这种导轨的精度很高，可以满足你对导轨的所有需求。

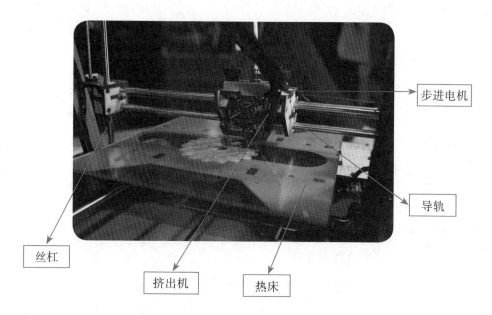

步进电机

导轨

丝杠

挤出机

热床

图 2-8　FDM 类型电机组成结构示意图

无论我们选择哪种导轨，导轨平滑无弯曲是第一标准，因为只有这样，我们在打印物体时形状才能更加准确。

4. 丝杠的要求

丝杠可将旋转运动转换成线性运动，也可以将扭矩转换为轴向作用力，具有高精度、高效率、阻力小等优点（图 2-9）。

3D 打印机中的丝杠通常作用在打印机的 z 轴上，将旋转运动转换为线性运动，从而达到 3D 打印机打印立体物体的目的，所以丝杠的选择也很重要。

我们在选择 3D 打印机的丝杠时，要注意以下几个方面。

（1）直径，即丝杠的外径。常见的丝杠的直径规格有 12 mm、14 mm、16 mm、20 mm、80 mm、100 mm 等，一般来说直径越大，承载也就越大。

如果想要提高丝杠的寿命，就需要看直径和负载的比值了，比值越小，丝杠使用时间就越长。

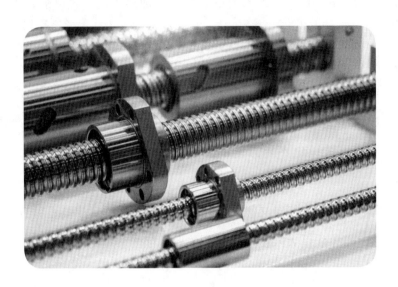

图 2-9　高精度滚轴丝杠

（2）导程，又称螺距，从字面上理解就是螺杆旋转一周，螺母直线运动的距离。导程的大小和旋转速度有关，导程越大，速度越快。在桌面级的 FDM 打印机中，导程的规格一般为 5 和 10。

（3）长度。丝杠全长设计要合理，要注意螺纹长度的选择。

（4）精度。对于丝杠来说，精度是很重要的一个指标，普通数控机械选择 C7，该型号的丝杠精度在 300 行程之内，定位误差在 ±0.05 左右。FDM 类型的 3D 打印机使用该型号丝杠足以满足需求。当然，你也可以使用更高精度类型的 C5、C3 等，但是价格上就要有所变化了。

（5）螺母。螺母分为单螺母和双螺母，双螺母长度较长，可以调整预压，适用于高精度仪器之中。FDM 类型的 3D 打印机推荐使用单螺母，价格便宜，也能满足需求。

5. 加热板 / 热床的要求

FDM 类型的 3D 打印机独有的结构就是加热板，有时也被称为热床。3D 打印机在打印过程中，挤出机挤出材料之后会发生冷却，一旦材料冷却，会发生体积收缩导致形变。

为了降低这种影响，FDM 类型的 3D 打印机采用加热板的方法，即在打印过程中对物体加热保持一定温度，这样就会降低材料的翘曲程度。但是，加热板也不是万能的，它并不能完全避免物体产生形变的现象。

我们在选择加热板时又该注意什么呢？加热板需要耐高温并且受热均匀，只有这样才能最大限度降低材料的形变程度。常见的加热板材料有以下三种。

（1）聚酰亚胺加热板。聚酰亚胺是一种综合性能极佳的有机高分子材料，它具有耐高温性，温度范围为 -200℃～ 300℃，并具有高绝缘性，很适合当加热板。它的缺点是受热不均匀，需要用胶带固定在铝板上，需要定制。

（2）加热棒。加热棒可以很快加热并准确控制温度，缺点是使用寿命短，加热不均匀，而且需要很厚的铝板。

（3）PCB 材料。PCB 加热床是目前最好的加热板，不仅受热均匀，可以手动调节，使用寿命长，而且可以不加铝板。但是需要注意，不要随意提高供电电压，否则会因为加热功率过大而损坏。

当然，如果你想要更好的打印效果，也可以采用恒温箱，现在有部分厂家的 3D 打印机就使用恒温箱代替加热板，它的效果比加热板要好很多，缺点就是造价比较高。

6. 挤出机的要求

挤出机是 FDM 类型的 3D 打印机的必备配件之一，起着熔化材料的作用。

挤出机熔化材料这一过程与热熔胶枪熔化胶棒相似，当胶棒遇到高温熔化形成液体形状，我们把该液体滴落到物体上等到冷却就会形成一层外壳，如图 2-10 所示。

图 2-10　热熔胶枪熔化胶棒

挤出机工作时，丝状材料通过步进电机的齿轮进入铜喷嘴的加热腔中，然后经过电热器加热熔化，随着步进电机的持续转动，已经熔化的材料形成流动"液态"，来到喷嘴尖端滴落在加热板上开始凝固形成薄薄的一层。

为了更加清晰地认识挤出机的工作原理，我们可以人为地把挤出机分为"冷端"和"热端"两部分，如图 2-11 所示。

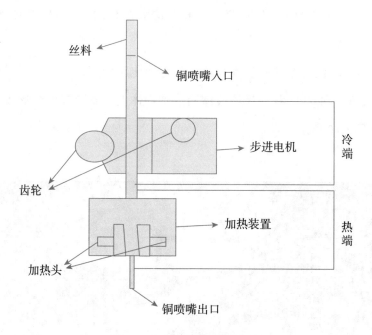

丝料
铜喷嘴入口
步进电机
冷端
齿轮
加热装置
热端
加热头
铜喷嘴出口

图 2-11　挤出机结构示意图

　　从挤出机结构示意图中我们可以看到"冷端"的结构比较简单，由步进电机、齿轮、铜喷嘴的部分长度，再加上一些起固定作用的零件组成。其原理也很简单，步进电机开始运转，通过齿轮传送部分丝料进入"热端"，材料开始熔化。

　　"热端"则比较复杂一些，是挤出机的重要部分，材料进入"热端"入口。这里需要注意，材料的直径要小于铜喷嘴的直径，不然无法进入。随着材料下移，会接触到加热装置，发热电阻开始熔化材料，这里还可以通过电热调节器来调节温度，最后熔化为流动的"液体"，通过喷嘴滴落。

　　那么，在这整个过程中，我们需要注意什么问题呢？

第一，我们该如何保证材料在"冷端"没有变软失去推力呢？为解决这个问题，通常铜喷嘴长度越短越好，只有这样才能尽量保证材料的硬度。

第二，"热端"如何保证材料一旦流出，接触到空气之后就立刻凝固呢？我们需要额外的散热装置解决这个问题，一般采取风扇冷却或者使用冷水装置。

第三，"冷端"和"热端"如何进行隔断呢？隔断的材料一定要耐高温，所以我们采用的是 PEEK（聚醚醚酮），这是一种特种工程塑料，不要看它是一种塑料，它的熔点高达 334℃，不仅如此，它还不易受化学药品的腐蚀，高度绝缘，阻燃，耐磨，是隔断的理想材料。缺点是容易被强酸等具有腐蚀性的溶液损坏。

7. FDM 类型的 3D 打印机优缺点

我们使用 FDM 类型的 3D 打印机时，使用打印头挤出来的软质材料种类多样，比如 PLA 材料、奶酪、饼干面团、"活体墨水"等。

其中，"活体墨水"是一种特殊医疗凝胶中的活细胞混合物，经常被用在生物医学方面进行生物打印。

而 PLA 是一种生物可分解塑料，它不仅无毒、无异味，而且在物品打印过程中产生的形变也比较小，安全性能高。在桌面级 3D 打印机方面应用比较广泛，FDM 类型打印机大多使用 PLA 作为材料。

FDM 类型的 3D 打印机的优势在于结构制造简单，成本低廉，材料丰富。如果你只是想要了解 3D 打印技术，桌面级的 FDM 类型 3D 打印机是一个不错的选择，因为它比较安全，使用的是相对低温的打印头，也容易操作。

FDM 类型的 3D 打印机不涉及很高的温度和高功率激光等结构设施，因此方便进入课堂，可以保证学生的安全。

没有一种 3D 打印机是完美无缺的，FDM 类型的 3D 打印机有什么缺点呢？

大部分 FDM 类型 3D 打印机制作的产品边缘都有分层沉积产生的"台阶效应"，会跟我们需要的实物产生一定偏差，成品效果不够稳定，而且它的打印头很容易堵塞，维护成本高。对于零件制造的工厂来说，它们的产品都比较精细，需要打印高精确度的零件，就很少使用 FDM 类型的 3D 打印机。

3D 百科

最年轻的 FDM 类型的 3D 打印机

Polyjet 打印机是熔融沉积型 3D 打印机中最年轻的成员，也是目前工业级 3D 打印机中成形精度最高、打印耗材种类最多的 3D 打印机。

Polyjet 打印机于 2012 年问世，它采用了光固化技术，其喷射的液体滴落后可快速形成 16μm 的薄层，要知道一个红细胞的厚度是 10μm，它的精确度之高可见一斑。所以，它常常被用来打印高分辨率形状的物体，比如医疗行业的心脏、牙齿等精细物品。

不仅如此，Polyjet 打印机还可以同时使用多个打印头，所以可以在打印物体时添加多种材料进行打印。

2.2.3　SLA 和 SLS 类型的 3D 打印机

同 FDM 类型的 3D 打印机不同，还有一种类型的 3D 打印机不是利用材料自然冷却凝固，而是利用激光和材料发生反应，最终形成物品。它们就是 SLA（光固化快速成形）类型和 SLS（激光选区烧结成形）类型的 3D 打印机。

SLA 是一种光固化快速成形技术，可利用特定波长和强度的激光聚焦到光固化材料表面，凝固形成层层薄片，最终形成实物。

SLA 是最早出现的 3D 打印成形技术，到今天它仍旧具有很大的优势，我国很多高校都在研究这种设备，它通常使用液态树脂材料，利用激光使每层液态树脂固化。

SLS 是一种选择性激光烧结技术，它的原理和 SLA 技术相同，但不是利用激光使粉末状材料固化，而是利用激光烧结粉末，粉末连接在一起形成一层，最后形成真实立体物品。

SLS 类型的 3D 打印机的原材料有很多，可以是钢、银等金属材料，也可以是陶瓷、玻璃等非金属材料，还可以是尼龙、砂粒等材料。

可见，SLS 类型的 3D 打印机可以使用多种材料进行打印，具有很大的优势。那么，SLA 和 SLS 类型的 3D 打印机的机械结构是什么样的呢？下面详细介绍。

1. 升降台和激光发生器

SLA 和 SLS 类型的 3D 打印机的设备组成是导轨、丝杠、升降台、激光发生器，它们特有的结构是升降台和激光发生器，也是整个 3D 打印机的核心。

升降台从字面上很容易理解，就是控制材料和激光之间的距离，每完成一层打印，升降台就上升一定高度，这个高度通常为 1 mm。

激光发生器就是用来发射激光的，但是光束并不是随意扫射的，而是由计算机控制光束的大小和方向，一旦被光束照射到，就会发生相应的凝固或烧结。它是如何工作的呢？如图 2-12 所示。

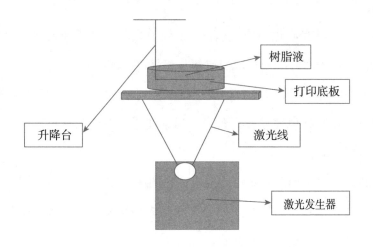

图 2-12　激光发生器工作示意图

SLA 和 SLS 类型的 3D 打印机升降台和激光发生器有两种形式。

一种是激光发生器发出的光束由下而上，如图 2-12 所示。打印底板浸在树脂液之中，激光扫过，被扫过的地方硬化形成薄薄的一层，升降台上升 1 mm，底板跟着移动相同的高度，然后激光继续固化新的一层树脂液，随着打印的完成，整个模型逐渐被拉出树脂液容器之中。

还有一种是激光发生器发出的光束由上而下，当激光扫过，升降台下降 1 mm，然后继续固化，打印完成的模型会完全浸泡在树脂液容器之中。

2. 伺服电机的要求

除此之外，SLA 和 SLS 类型的 3D 打印机对电机的要求更高，所以高精度的 3D 打印机使用的是伺服电机，如图 2-13 所示。

图 2-13　伺服电机实物

为什么对物体要求精度比较高的 3D 打印机会选用伺服电机呢？原因有以下几点。

（1）伺服电机精确度由自带的编码器决定，十分精准，易于控制。

（2）伺服电机即使在极低速度下运转也不会产生振动，具有共振抑制功能，十分稳定。

（3）伺服电机采用闭环控制的方法，它可以对编码器反馈的信号进行收集，控制性能高。

（4）伺服电机的响应速度快，一般只需要几 ms。

（5）力矩不会随着速度的增加而降低，几乎是线性化的力。

（6）交流伺服电机过载能力强。

SLA 和 SLS 类型的 3D 打印机的其他机械结构除了对精细度有更高的要求外，几乎没有什么其他不同。

3. SLA 和 SLS 类型的 3D 打印机优缺点

相较于 FDM 类型的 3D 打印机，SLA 和 SLS 类型的 3D 打印机具有明显的优点，最大的优点就是可以高精度打印物体。

激光的方式更容易控制物体的精准度，因为在毫米级的精度下，我们还可以将它分成数十层进行固化，这就保证了产品的精度，有利于制造出合格的零件产品，所制作出的模型也不容易变形，可以短时间生产出需要的样品，所以备受工业从业人员的喜爱。

同样，它们的缺点也不能忽视，集中体现在以下三个方面。

一是成本太高。成本包括 3D 打印机本身的价格及其所使用的材料，无论是树脂液还是粉末材料价格都比较昂贵，而且每次消耗的量都很大。

二是后期工作复杂。不同于 FDM 类型的 3D 打印机，SLS 类型的 3D 打印机打印结束之后并不能得到产品，还需要进行后续的冷却、除尘、磨砂等工作才能得到完整的产品。

三是安全性能不高。这两种类型的打印机都具备激光发生器，需要使用激光，对于非专业人士和初学者来说，操作比较困难，安全系数也不是很高，需要采取安全防护措施。

另外，SLA 类型的 3D 打印机所使用的树脂液在没有固化时具有轻微的毒性，所以一定要格外小心。

我说你想

SLA 工艺技术和 SLS 工艺技术有什么异同?

虽然 SLA 和 SLS 类型的 3D 打印机"师出同源",都会利用到激光,但是二者其实是有很大区别的,SLA 技术利用高分子聚合反应使材料固化,SLS 技术则是利用激光烧结粉末。

在了解这两种工艺技术的原理和物体成形过程之后,请你仔细地回想,从材料、结构等方面考虑,它们的区别你能想到几点呢?想一想这两种工艺技术各有什么样的优势?如图 2-14 所示。

图 2-14　SLA 类型和 SLS 类型 3D 打印机的异同

2.3　不同类型的 3D 打印机的异同

　　在了解了 3D 打印机的两大家族之后，你是否对它们有了更加全面的了解？它们同属于 3D 打印家族的一员，都可以利用数字模型文件打印出立体物品，你清楚它们之间的不同吗？它们之间的区别见表 2-1。

表 2-1　不同类型的 3D 打印机比较

	FDM 类型	SLA 类型	SLS 类型
打印原理	加热熔化，快速冷却	高分子聚合反应，激光固化	激光烧结连接在一起
组成结构	电机、导轨、丝杠是标配，加热板是独有配置	电机、导轨、丝杠是标配，激光发生器和升降台是独有配置	同 SLA 类型组成结构相同
精准度	低	毫米级精度	毫米级精度
材料	丝状塑料为主，可以由打印头挤出来的软体材料	树脂液等光敏聚合物	十分丰富，粉末状材料

2.4　如何挑选一台合适的 3D 打印机

我们在选购商品时往往会多方面考虑，比如我们在挑选手机时，会货比三家，既要考虑性能，还要考虑用途以及品牌等因素。

市面上有超过 200 多个 3D 打印机制造商，并且随着 3D 打印技术的发展，制造商只会越来越多。我们如何在众多厂商之中挑选到自己心仪的 3D 打印机呢？

如果你清楚不同类型的 3D 打印机的机械组成结构，完全可以自己组装一台 3D 打印机，通过自己组装，相信你会对 3D 打印机有一个更加细致全面的了解，成功组装一台 3D 打印机也是一件很有成就感的事情。

当然，自己组装过程中会遇到各种各样的问题，所以买一台安装好的打印机也很好。那么，在挑选 3D 打印机时要注意哪些方面呢？

（1）安全的选择。无论选择什么类型的 3D 打印机，首要考虑的就是安全问题。如果你是初学者或者你是一位家长，那么 FDM 类型的 3D 打印机就是最佳的选择。如果你是工业从业人员，有相关经验，那么你可以尝试一下 SLA 或者 SLS 类型的 3D 打印机。

（2）精度的选择。这个选择主要涉及物品的用途，如果你想打印零件模型或者比较精细的物品，毫无疑问要选择 SLA 或者 SLS 类型的 3D 打印机。

（3）价格的考量。一般来说，FDM 类型的 3D 打印机已经比较成熟并且普及度比较高，所以价格上会比较便宜。其他类型的 3D 打印机结构比较复杂，打印物品精度比较高，价格也比较昂贵。

（4）成本的考量。这个因素涉及打印物品时选用的材料，SLA 或者 SLS 类型的 3D 打印机所使用的材料比较贵，而且消耗巨大，所以成本偏高。

（5）操作的考量。这个因素涉及操作的难易程度，FDM 类型的 3D 打印机容易出现喷嘴堵塞的问题，打印物品成功率不是很高。

从以上几个方面进行考虑，相信你一定可以挑选到一台合适的 3D 打印机。

快问快答

目前，FDM 类型的 3D 打印机是最常见的一种 3D 打印机，你知道此类打印机必备的零件主要有哪些吗？这些零件在 3D 打印中发挥着怎样的作用呢？

不同类型的 3D 打印机有什么不一样呢？你听过或见过其中的哪一种？你知道它是如何完成打印过程的吗？

第 3 章

材料发展赋予 3D 打印更多可能

　　俗话说"巧妇难为无米之炊"，同样，3D 打印技术发展至今，因为材料的限制有很多设想没能实现。

　　随着科技水平的日益提高，可以供 3D 打印行业利用的原材料日益增多，越来越实用，赋予了 3D 打印技术更多的可能性，我们不仅可以打印出常见的物品，还可以打印出以前只在理论中出现的物品。

　　接下来我们就一起来探索 3D 打印所使用的材料，看看这些材料究竟可以制造出多么令人惊奇的物品吧。

3.1　3D 打印材料——特性各异

大自然是神奇的造物者，每件事物都拥有自己的魅力和特性，它们各不相同，一起构成了这个神奇的世界。

在 3D 打印的世界里，每种材料都有不同的属性，它们和 3D 打印机相辅相成，一起构成了 3D 打印的科技王国。3D 打印材料按照不同的属性可以分为以下几种类别。

（1）按照材料打印时的物理状态分类。

在 3D 打印的领域中，材料按照其物理状态可以分为固体和液体。固体材料最常见的状态是粉末和丝状，而液体材料一般是指树脂液。

（2）按照材料的化学性能分类。

材料的物理状态不尽相同，化学性质那就更是千差万别了，你不会知道某种材料和某种材料相碰撞会产生什么样的火花。按照化学性质可以分为 ABS/PLA（塑料的一种）、树脂、石蜡、金属、陶瓷等材料，不同材料，特性各异。

（3）按照材料的成形方法分类。

不管是按照物理还是化学性质分类，都会让人觉得眼花缭乱，不易记忆。按照材料成形的方法进行分类是如今最普遍的分类方法，如图 3-1 所示。

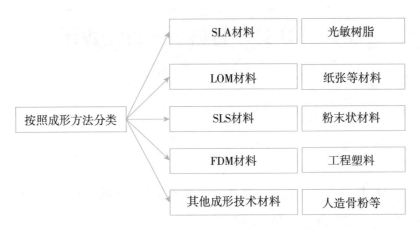

图 3-1　按照材料成形方法分类

按照材料成形方法分类，我们不仅可以根据用途记住这些材料，而且可以再一次巩固不同类型的 3D 打印机的知识，每种类型的 3D 打印机使用的材料不尽相同。

神奇的树脂液

树脂是自然界中动植物分泌的物质，常见的有琥珀、虫胶等。但是，你知道它们一开始其实是液体，只是因为光的作用才开始固化的吗？

　　聪明的人类就利用树脂的特性人工合成树脂，比如酚醛树脂、聚氯乙烯树脂等，它们被应用于塑料产品。

　　3D 打印技术领域所使用的树脂液是一种人工合成的树脂液体，属于高分子光敏聚合物，具有见光硬化的特点，没有固化前具有轻微毒性，固化之后毒性消失。树脂液是 3D 打印技术的重要原材料。

3.2 常见的 3D 打印材料及应用

3.2.1 3D 打印材料的发展

3D 打印技术已经成功应用于我们的日常生活和工业生产中，在模具制造、创意产品、珠宝制作、生物工程医学、航空航天、汽车制造等领域，我们都可以看到 3D 打印产品的身影。

不可避免地，3D 打印材料也走入了我们的视野之中。材料是 3D 打印技术的物质基础，它甚至决定着 3D 打印产品的发展和未来，某些程度上可以说材料促进了 3D 打印机类型的发展，目前已经有 300 多种材料可供 3D 打印使用，未来一定会更多。

3D 打印常见的材料有工程塑料、光敏树脂、橡胶类材料、金属材料、陶瓷材料等，这些都属于天然存在的材料由人类再加工而成。另外，3D 打印的原材料还有"生物墨水（水凝胶）"材料、医用金属材料、细胞生物材料、医用聚合物材料等，这些材料可以构成人体细胞、器官，在自然界中不直接存在，它们是由人工合成的材料。

"终结者"新材料

以机器人为题材的电影精品有很多，其中有一部名为《终结者》的电影，里面的机器人 T-1000 可以进行自我修复。

2013 年，西班牙科学家研究出首个自动愈合的聚合物，被研究人员称为"终结者"，这是一种在室温下就可以自我修复，不用任何外来条件（加热、光照等）就可以完成"重组"过程的高分子材料。

研究人员表示，聚合物被切割成两半之后，在 2 个小时内能够完成 97% 的自我修复，这种材料的拉伸强度极好，用手使劲拉伸也不会断掉。

很多国家都在研究类似的自愈材料，我们或许可以期待一下，当这种材料被用在飞机上时，会发生什么神奇的事情呢？

3.2.2　工程塑料

在 3D 打印技术领域，工程塑料的应用可以说是相当成熟而且普遍了，工程塑料也是最早被应用在 3D 打印领域的原材料之一。为什么会优先选择工程塑料呢？这是因为工程塑料具有强度大、耐热性好、硬度高等优点。

你清楚工程塑料的分类吗？不要小看工程塑料，这可是一个大家族，每个家族成员都具有悠远的历史和独特的优点（图 3-2）。

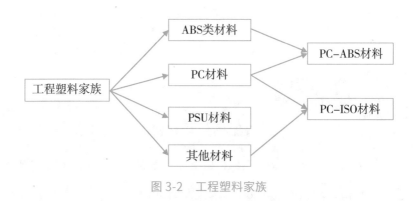

图 3-2　工程塑料家族

下面就先介绍几种大家经常见到和使用的工程塑料材料。我们先说一说 ABS 类材料，它是 FDM 类型的 3D 打印机常用的热塑性工程塑料（图 3-3）。

图 3-3　ABS 类塑料材料

ABS 类材料强度高，抗冲击性高，韧性也很好，制品尺寸稳定，它的熔点是 230℃～300℃，相对较低。而且 ABS 类材料的颜色多样，可以满足打印物品的外观需求，不需要重新着色。

PC 类材料具有工程塑料所有的特性，可以说是"集万家之长于一身"，强度高、耐高温、抗冲击、不易弯曲，可以作为零部件使用，比如我们常见的饮水机上的水桶就是使用 PC 材料制造的（图 3-4）。利用 PC 类材料打印出的 3D 打印产品可以直接装配使用，具备超强的工程材料属性，在电子消费品、家电、汽车制造、医疗器械等领域备受欢迎。

PC-ABS 材料只听它的名字就知道它是 PC 和 ABS 材料的衍生物，具备 ABS 材料的韧性和 PC 材料的强度，多用于汽车制造、家电和通信行业，是世界上销量最大的热塑性工程塑料。

图 3-4　PC 材料制作的水桶

PC-ISO 材料作为工程塑料家族的一员，具备了 PC 材料所有的性能，通过了医学卫生认证，很有存在感。它是一种白色热塑性材料，强度相当高，形变温度为 133℃，所以应用在药品和医疗器械行业完全不用担心。不仅如此，它还可以应用在颅骨修复、牙齿修补方面，这你没想到吧？颅骨修复也可以使用塑料材质的？当然，相比其他工程塑料成员，它的制造工艺比较特殊，价格也相对昂贵一些。

PSU 类材料的颜色呈琥珀色，是所有热塑性材料里面强度最高、耐热性最好的材料，通常作为最终零部件使用。使用 PSU 类材料制造的物体的性能非常稳定，在航空航天、交通工具和医疗行业备受追捧。

我说你想

热塑性塑料和普通塑料有什么区别？

在 3D 打印技术领域，我们使用的工程塑料都是热塑性的，和普通塑料相比又具有哪些优势？如果把原材料换成普通塑料进行 3D 打印会发生什么有趣的现象呢？

热塑性塑料在加热熔化后，其内部结构并不改变，所以它们可以反复熔化后加工使用。这一点对 3D 打印技术来说尤为重要，因为内部结构不会改变，所以会保持它原有的特性，比如硬度、耐热性等。

普通塑料在加热熔化后会变成跟灰烬类似的东西。想象一下，如果打印的原材料在加热后内部结构发生改变了，变成"灰烬"，这时该如何利用这个材料打印出完整的制品呢？也来说一说你的想法吧。

3.2.3 光敏树脂

光敏树脂是由聚合物单体和预聚体组成，其组成结构和树脂相似，是由人工合成的，所不同的是里面加入了光引发剂，也叫光敏剂。光敏树脂经紫外光照射，会立刻聚合固化。

光敏树脂属于化学药品，其物理形态为液态，在阳光的照射下也能发生部分反应，所以会用专门的化学药品的瓶子密封，如图 3-5 所示。

图 3-5　装化学试剂的容器

我们为什么会使用光敏树脂作为 SLA 类型的 3D 打印机的原材料呢？可以从以下两个方面来解释。

一方面，就光敏树脂本身的特性来讲，光敏树脂具有很高的光敏感性，它的黏度低，在进行固化时速率快、收缩小、程度高，契合 SLA 类型的 3D 打印机的特点。

另一方面，就光敏树脂固化后的材料特性来讲，光敏树脂液固化后的材料具有强度高、耐高温、防水效果好的特性，所以常常应用在汽车、电子消费品等方面。

1. 光敏树脂分类

光敏树脂和工程塑料一样，具有不同的材料，每种材料都有各自的优缺点。

目前，常见的可用于 3D 打印领域的光敏树脂有 4 种，如图 3-6 所示。

图 3-6　常见的光敏树脂材料

somes NEXT 材料的颜色呈白色，和 PC 类材料很相似，它的韧性很好，和 SLS 制作的尼龙材料性能基本相同，但是打印出的物品的精度更高，表面也比较平滑，质量更好，并兼具做工精致和外观优美的优点。

somes 11122 材料颜色呈透明色，和 somes NEXT 材料比较，韧性和刚性可能没那么好，但是它的防水性很好，和 ABS 类工程塑料相比性能也不差，常用于汽车、医疗和电子类产品。

somes 19120 材料颜色比较瑰丽，呈粉红色，刚性和韧性较差，专门用来铸造，其特点是低留灰烬、高精度。

环氧树脂是一种激光快速成形树脂，含灰量小于 0.01%，可以熔于石英和氧化铝高温型壳体系，不含重金属锑。如果想要快速铸造型膜，这是一个很好的材料选择。

光敏树脂材料并不是完美无缺的，它还存在这样或那样的缺点，比如韧性不够好，打印的物体翘曲变形明显等。

2. 光敏树脂改进研究

3D 打印材料并不是一成不变的，有的人在探索新的材料，有的人在默默改进已经存在的材料。

科学家从光敏树脂自身入手，对它的分子结构进行改造或者加入新的物质改良配方，希望可以改善光敏树脂的缺点，获得应用效果更好的光敏树脂。

那么，光敏树脂的改进研究进行到哪一步了呢？它的现状如何呢？

为了改善光敏树脂的特性，科学家进行了多方面的研究，做了很多尝试，具体如下。

（1）增强韧性研究

科学家在光敏树脂中加入改性后的氧化铝，发现在一定程度上可以大大改善打印的物品的拉伸性。

科学家还做了另一个改进方案，即在光敏树脂中加入邻苯二甲酸二烯丙酯（分子式为 $C_{14}H_{14}O_4$），材料拉伸强度和冲击强度具有显著提高。

（2）降低收缩率研究

光敏树脂在光的照射下，由于分子间的作用力，间距变小，引起收缩，降低了打印物体的精度。这是由材料性质决定的，能不能想办法降低收缩率呢？

科学家合成螺旋原碳酸酯类膨胀单体，并把该膨胀单体加入光敏树脂之中，获得了意想不到的效果，光敏树脂的收缩率下降了。

受此启发，科学家将合成的膨胀单体（螺环原碳酸酯类）加入光敏树脂中，由此提高打印物品的抗击力。

（3）增强材料相容性研究

材料的相容性主要体现在医学方面，近年来，SLA 类型的 3D 打印机在生物医疗方面发挥着越来越重要的作用。

有研究表明，把一种 WPU（水性聚氨酯）乳液涂在树脂表面上，可制作出具有光滑的亲水表面的复合支架，材料相容性增强。

科学家们进行了多种尝试，都取得了不错的成果，也许在不久的将来，光敏树脂可以应用到各行各业之中，创造不一样的产品。

3D 百科

"特殊的"光敏聚合物

一说到光敏聚合物，我们印象中就是光敏树脂，有没有除了光敏树脂之外的其他光敏聚合物呢？

2018 年，美国佛罗里达大学的 Brent S. Sumerlin 教授的研究团队制备了一种水溶性线型聚合物，这种聚合物有一个特点，就是遇见长波紫外线就可以发生固化，不过不是薄薄的一层，而是固体水凝胶。有趣的是，一旦固体水凝胶接触到短波紫外线，在其照射下就会熔化，变成水溶性线型聚合物，该技术将为生物医疗研究和临床应用提供新的尝试。

随着科技的发展，越来越多的光敏聚合物将会被我们发现并应用。

3.2.4 橡胶类材料

说起橡胶材料，你我都不陌生，从汽车轮胎到我们日常清洁使用的橡胶手套，这些橡胶类制品无处不在，如图 3-7 所示。

3D 打印技术诞生以来，科学家们就设想过，如果利用 3D 打印机可以打印出橡胶产品，或者在其他材料中加入一点橡胶材料，产品会不会发生什么改变呢？

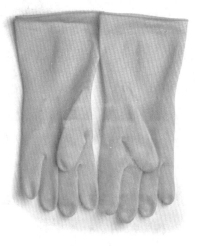

图 3-7　橡胶手套

橡胶类材料有很好的弹性,它的拉伸强度是任何一种工程塑料都不能比拟的。

橡胶制品在汽车内饰、医疗设备和电子产品行业应用广泛。

但遗憾的是,作为 3D 打印材料,橡胶材料的研究与使用发展缓慢。

"乳液"橡胶的出现

由于橡胶材料的性质比较特殊,因此 3D 打印橡胶材料近年来一直没有大的突破。

2020 年,《欧洲橡胶杂志》报道,美国弗吉尼亚理工大学的研究人员研发出 3D 打印乳液丁苯橡胶,该方法借鉴了光固化树脂液的原理,将液态胶乳进行化学改性,使得液态胶乳可以通过 3D 打印设备进行打印。

胶乳具有比较高的相对分子质量,其黏度不会受激光的影响,可以维持其内部结构不发生变化,这一成果的出现有利于橡胶材料在医疗设备行业的大力发展。

3.2.5　金属材料

相较于橡胶材料的"龟速"爬行,金属材料方面的进展可以说是一日千里。3D 打印技术在金属材料方面发展迅速,还发展为一门独立的成形工艺技术。

3D 打印所使用的金属材料可不是普通的金属，对金属的纯净度、状态、氧含量等都提出了要求。金属必须是粉末状态，如图 3-8 所示。

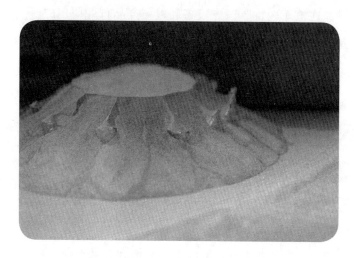

图 3-8　3D 打印材料——金属粉末

3D 打印对金属粉末状材料的要求可以用"苛刻"来形容，要求金属粉末的纯净度要高，要呈球状，球形度要好，颗粒的直径分布要窄，可以说是对每一颗金属粉末都提出了要求。

金属材料之所以发展如此迅速，离不开国家的大力支持。在国防领域，我国十分重视 3D 打印技术在打印金属零件方面的研究。

利用 3D 打印技术打印金属零件，不仅可以节省制作周期，还可以提高零件的精确度，减少浪费。

1. 金属分类

目前，常见的金属粉末材料有钛合金、钴铬合金、不锈钢合金、铝合金等，还有珠宝行业经常使用的金、银等，按照金属用途分类如图 3-9 所示。

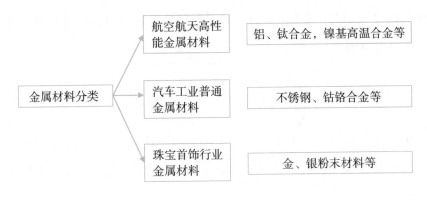

图 3-9　金属材料分类

钛的知名度也许不如钢、铁等金属材料，但是它可是一种非常重要的结构金属，被广泛应用在航空航天领域。钛合金的金属强度很高，耐腐蚀，耐热性也很高，常用来制作飞机发动机、压气机部件和飞机的各种结构件，在火箭、导弹等结构件上也经常见到它的身影。

钴铬合金从名字上就能看出它的组成，是由钴金属和铬金属合成的高温合金，拥有极强的抗腐蚀性，用它制作的零部件强度高，机械性能优异，耐高温。

基于以上这些特性，在航空航天领域，3D 打印的钛合金和钴铬合金零件的机械性能比传统锻造工艺制作出来的零部件更优质、更精确，能制作最小尺寸只有 1 mm 的零件。

不锈钢材料因其不易腐蚀，不会因为酸碱环境的变化而腐蚀，因此得到广泛应用，在汽车制造领域、生活领域占得一席之地。我们常常使用的 3D 打印金属材料就是不锈钢的金属粉末，它的造价比较低，普通人也可以利用不锈钢材料进行打印，比较适合打印尺寸较大的物品。

金、银等金属材料的应用主要体现在珠宝首饰行业，它们属于贵金属材料，金材料具有良好的延展性能，纯净度很高。对珠宝首饰行业来说，零件的尺寸很重要，利用 3D 打印技术打印金、银材料的尺寸精确，能有效减少打磨时间。

2. 金属材料的发展与现状

在金属材料方面，近几年有了比较大的突破，我们可以使用 3D 打印技术打印出金属零部件。那么，我们在金属材料领域究竟取得了哪些成就呢？

首先，在航空航天领域，钛金属取得惊人的成就。

我们都知道航空航天领域对金属构件的要求十分严格，在外太空中，环境极端严峻，因此我们要求金属构件轻量化，具有极高的性能，加工难度大。近年来，随着 3D 打印技术的发展，3D 打印金属材料方面有了质的突破，尤其是钛合金材料的应用。

目前，钛合金作为金属材料在 3D 打印领域发展迅速并得到成功应用。

2017 年 5 月 5 日，我国 C919 大飞机首飞成功，其前机身和中后机身的登机门、服务门及前后货舱门均为金属 3D 打印部件，性能良好。

3D 打印可以打印出包括卫星、高超飞行器、载人飞船的零部件，不仅如此，目前甚至还可以打印整个机器（发动机、无人机、微纳卫星整机打印）。

3D 打印金属材料技术在航空航天领域发挥着越来越重要的作用，也越来越不可或缺。

其次，钴铬合金作为医用材料应用广泛。

钴铬合金在医学领域的应用有了很大发展，它可以用于牙科，制作钴铬合金的牙齿，也可以用于骨科，作为植入体等，通过 3D 扫描，可以准确得到适合的牙齿或骨骼模型，在个性化定制方面有巨大的潜力。

我说你想

3D 打印金属材料的优势是什么?

3D 打印金属材料近年来发展迅速,为什么人们那么热衷于在金属领域的发展呢?难道是因为金属涉及更高的科学技术层面吗?

除了国家政策支持之外,最主要的原因是使用金属材料可以极大程度地减少浪费。你也许不知道,一个钛合金航空异型件,100 kg 的原材料,抠到最后,只有 5 kg 是有用的,而如果采用 3D 打印技术,可能只要 6 kg 原材料,稍微削一削就可以使用了。

为了减少浪费,也为了让零部件性能更加优异,很多科学家开始投身于 3D 打印金属材料方面的研究,终于取得了一定成果。相信随着研究的继续,这方面取得的成就会越来越耀眼。

3.2.6 陶瓷材料

陶瓷材料在生活中常见于瓷器、花瓶、茶具等生活用品中,和我们密不可分。

随着人们对陶瓷材料的进一步了解,对其性质的进一步掌握,陶瓷材料在航空航天、汽车、生物等领域开始发挥作用。

陶瓷材料的机械硬度高、耐高温、不易腐蚀、密度低、化学稳定性好,这些性质使得陶瓷材料在 3D 打印领域占据独特优势。

3D 打印陶瓷材料一开始被应用在陶瓷模型的制作方面，并不能直接使用，即利用 3D 打印技术打印出精致模具，然后再根据模型制作成物体，最后制作出陶瓷产品。随着 3D 打印技术的发展，可以直接完成真实陶瓷物体的制作，缺点是陶瓷材料在快速凝固过程中容易形成轻微裂纹。

1. 常见的陶瓷材料

目前，常见的 3D 打印陶瓷材料有两种，一种是硅酸铝陶瓷，另外一种是 Ti3SiC22 陶瓷。

硅酸铝陶瓷防水性很好，不透水；熔点很高，在 600℃高温下也不会熔化，常常用来制作日常使用的炊具或餐具。它的缺点在于硬度不高，容易摔碎，承重能力也不是很好。

Ti3SiC22 陶瓷加入了碳化物，比较柔软，与硅酸铝陶瓷相比，具有独特的优势，那就是它具有金属的某些属性，抗高温，硬度大，打印完成后的物品致密度很高。它的缺点在于材料的收缩率比较大，所以打印的物体出现的孔隙比较大。

2. 陶瓷材料的现状

陶瓷材料经过近几年的发展已初见成效。

2012 年 10 月，土耳其科研人员成功打印出造型各异的日用陶瓷制品。

2014 年，以色列的 Studio Under 工作室研发了有史以来最大的陶瓷 3D 打印机，可打印彩色陶瓷。同年，英国的西英格兰大学开发出了一种自主上釉 3D 打印陶瓷，可打印定制陶瓷餐具（图 3-10）。

在国内，3D 打印陶瓷材料研究成果不是很多，主要研究陶瓷模型，直接打印陶瓷材料形成真实物品的应用研究非常少。

图 3-10　3D 打印的陶瓷器具

　　整体来说，陶瓷直接快速成形工艺还没有成熟，陶瓷材料如何才能突破现在的桎梏，实现直接快速成形是我们未来的研究方向。

我说你想

陶瓷材料依靠什么"打印成层"？

　　不同于工程塑料、光敏树脂、金属粉末等材料，陶瓷材料没有可"粘连"性，陶瓷粉末即使通过高温也不会自动连接在一起。那么，你有没有想过粉末状的陶瓷材料该如何"粘结"在一起呢？答案就是添加粘结剂粉末。

　　我们在打印陶瓷材料时会在里面添加粘结剂粉末，它的熔点和陶瓷粉末相比较低，当激光进行烧结时，粘结剂粉末就会首先熔化从而把陶瓷粉末粘结在一起。如果粘结剂过多，烧结虽然变得容易但是零件尺寸精度会变低。如果粘结剂过少，不易烧结成形。如果是你，你会如何把握粘结剂的数量呢？

3.2.7 其他打印材料

3D 打印材料的种类很多，在生物医学领域，有人造骨粉、细胞生物原料、"生物墨水"等原料，3D 打印技术利用这些原材料打印出骨骼、心脏、手、足等人体器官或部位（图 3-11）。

图 3-11　3D 打印的手

3D 打印技术的出现，让医学家们看到了一种可能，那就是利用 3D 打印器官挽救更多生命。

彩色石膏材料是一种具有多样颜色的石膏材料，打印出来的物品坚固而且色彩艳丽，外观比较像岩石，常用它来制作塑像和动漫玩具。

彩色石膏材料打印出来的物品表面可能会有细微的年轮纹理，这是由材料本身的特性和打印方式决定的。和陶瓷材料类似，彩色石膏的原材料呈粉末状，并添加粘合剂等物质，可通过 3D 打印机逐层打印。

　　还有专门用来打印食物的 3D 打印机，所使用的材料也很特别，例如利用面粉、肉沫等食材打印汉堡（图 3-12）。

图 3-12　3D 打印的食物

　　3D 打印食品看起来是最简单的，可是实际操作起来存在着很多难题，比如要求食材必须足够软，在经过喷嘴时可以"煮熟"，可以从打印头流出，还要考虑食材的特性和安全性。

　　目前，还有很多材料没有应用于 3D 打印，也许是因为不适合，也许是因为还没有找到合适的添加物。不管怎样，近十年来，3D 打印材料的飞速发展让我们看到了 3D 打印技术的巨大潜力，3D 打印材料的研究也不会停下脚步。

3D 百科

第一颗"活着"的 3D 打印肺

我们知道，3D 打印的物体都是没有生命的事物，比如模型、珠宝、金属零件等。但是你知道吗，3D 打印技术也可以打印出人体的器官。

利用 3D 打印技术打印的心脏模型如图 3-13 所示。

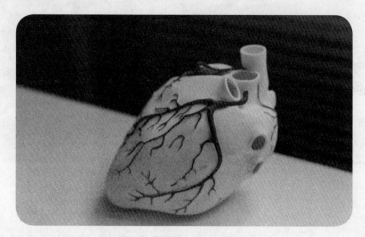

图 3-13　3D 打印的心脏模型

2019 年，以色列特拉维夫大学的科学家利用病人自身的组织细胞，通过生物 3D 打印技术打印出了完整的心脏结构，除了不能跳动以外，和真实心脏没有什么区别。

2019 年 6 月，《科学》杂志封面刊登了一则重大消息：一个利用水凝胶打印而成的肺模型，能够像真正的肺一样向周围血管输送氧气，完成"呼吸"循环过程，这个肺就跟"活"了一样，可以承担起它的责任。

这个研究成果让我们看到了曙光，也许不久的将来，我们可以用 3D 打印技术打印出人体器官，拯救那些等待器官移植的病人。

3.3 3D 打印材料发展方向

3D 打印技术得到了迅速的发展，随着国家政策的大力支持，其应用领域和范围会越来越多，也会日渐成熟。然而，3D 打印材料的发展并不如人意，材料发展的制约可以从以下两个方面进行探讨。

（1）3D 打印材料没有相关标准。

我国的 3D 打印技术发展较晚，3D 打印原材缺少相关标准，很多 3D 打印材料不得不依赖进口，特别是金属材料。这样就会给 3D 打印产品形成产业化增加成本，3D 打印技术推广受到限制。

（2）3D 打印材料自身发展缓慢。

3D 打印材料的种类一直很有限，尤其是金属材料，现在还只有钛、钴铬合金等金属，还是近几年才开始成熟并应用在实际生产之中。而玻璃、陶瓷、橡胶等材料更是发展缓慢。

为了让 3D 打印技术可以更好地发展，我们迫切需要建立 3D 打印材料的相关标准，标准是材料的生产基础。

此外，我们必须重视 3D 打印材料科研工作的开展，发展新的打印材料，比如纳米材料、复合材料、高致密金属合金材料等，提升国内生产

3D 打印材料的质量。

可以想象，如果有一天，3D 打印材料的问题得到解决，一定会促进我国制造业飞速发展，给我国带来巨大的发展机遇。

快问快答

与传统制造业不同，3D 打印对材料的特性要求更高，不同 3D 打印的材料各具特色，在很多领域都发挥了它们的重要作用。

工程塑料种类丰富、应用广泛，你能简单说一说这类材料具有哪些特性吗？光敏树脂材料日常比较少见，它又有什么特性呢？

金属材料是 3D 打印的重要材料之一，它的发展现状如何？对 3D 打印的发展有什么样的影响呢？3D 打印金属材料在航空航天领域有着怎样的应用呢？

你了解过人造器官吗？3D 打印材料在医学领域的应用是 3D 打印技术和医学技术共同发展的结果，3D 打印器官的制造和使用将会带来怎样的改变？快来说说你的想法吧。

第 4 章

3D 打印的法宝
——打印成形工艺技术

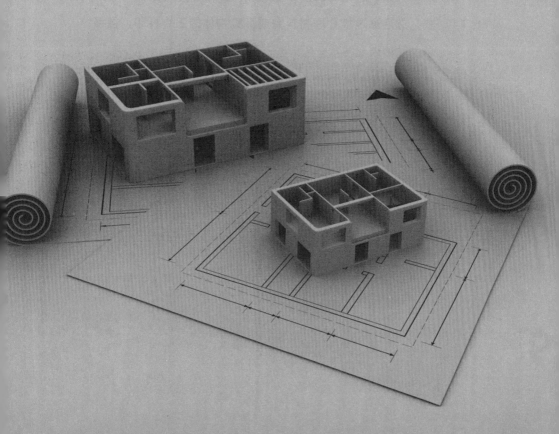

　　我们在数学计算上常常遇到这样的问题：从 A 地到 B 地走哪条路线时间最短，哪条路线最省力？

　　想要达到同一个地点有好多种方式，殊途同归，但每种方式总是有它的优势和不足。同样，3D 打印成形的工艺技术有很多种，它们的原理相似，都是利用分层加工的方式，然后通过堆叠原材料完成真实物体的三维打印，但每种工艺技术都有各自的特点。

　　你知道每种成形工艺技术的原理吗？你知道它们各有什么优势和不足吗？接下来我们就一起来寻找答案吧。

4.1　常见的 3D 打印成形工艺技术

4.1.1　3D 打印成形工艺有哪些?

　　3D 打印成形工艺技术是 3D 打印的法宝，每种工艺都有自己的特点和优势，还有与之相对应的原材料。通过不同的工艺将不同的原材料打印成真实物品，形成的物品更是各有优劣，构成了 3D 打印技术中最重要的一环——打印物体成形。

　　3D 打印成形工艺都有哪些呢？目前，国内外 3D 打印工艺有 20 余种，主流的 3D 打印成形工艺有 6 种，如图 4-1 所示。

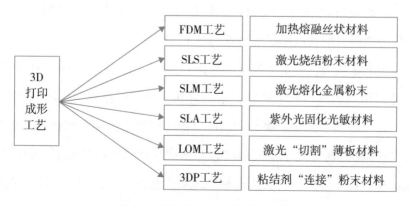

图 4-1　常见的 3D 打印成形工艺

3D 百科

常见的成形工艺技术的"双胞胎"

目前，国内外有 20 余种打印工艺，深入了解，你会发现有很多成形工艺技术基本雷同，只是在原材料或者某些装置上做了稍微变动，其中就包括 SLA 工艺技术和 UV 工艺技术、SLS 和 SLM 工艺技术等。

SLA 工艺技术利用紫外光固化光敏树脂，UV 固化工艺同样也是利用紫外光来固化油墨、涂料、胶等材料（材料里面添加了"光启始剂"化学品）。两种工艺技术很相似，称为"双胞胎"也不为过。

SLS 工艺技术和 SLM 工艺技术则是基于激光烧结和熔化的原理，对于金属材料，SLS 熔化粘结剂，SLM 则直接熔化金属。

除此之外，每一种成形工艺技术都有和其他工艺技术相同的地方，有的是物体成形原理相似，有的是设备装置相似。

4.1.2 熔融沉积成形

说到熔融沉积成形（FDM）技术工艺，你一定很熟悉，在讲述 3D 打印机的分类时我们就已经了解到这门技术。

熔融沉积成形技术工艺，又被称作 FDM 工艺，该工艺打印 3D 物体的方法是使用丝状材料作为原料，熔融材料，使材料保持半流动的"液体"状态。这个状态如何保持呢？我们可以把加热温度控制在比材料的熔点高 1℃，这样材料就会处于半流动状态。然后在计算机的控制下，打印头做平面运动，挤出熔融的材料，选择性地喷涂在热床上，经过冷却形成物品的一层薄面，打印头在计算机的控制下上移一层高度，重复以上流程，直到物体沉积成形。FDM 工艺原理如图 4-2 所示。

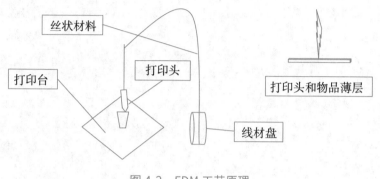

图 4-2 FDM 工艺原理

采用电阻加热的方式，温度范围有限制，很难拥有较高温度，对 FDM 工艺技术来说有利有弊。弊端在于材料选择的限制，只能选择熔点较低的材料，不能对金属等高熔点材料进行打印。有利的地方就是污染小，材料可以回收，适用于小型工件的打印，安全系数高。

目前，应用最广泛、最新的材料有三种，都具有热塑性，保证材料加热熔融后性质不会改变，那就是 ABS 工程塑料材料、PC 工程塑料材料、PPSF 材料。

FDM 工艺技术的主要缺点就是存在打印物品精度不高，容易变形，打印制品的表面光洁度较差等问题。

FDM 工艺也在不断改进和完善中，比如采用了双喷头的设置，一个喷头用来喷出原材料形成物体，另一个喷头喷出支撑材料进行支撑，这样可以有效提高物体成形效率，如图 4-3 所示。

通常，原型材料丝越细，成本就可能会越高，沉积效率自然会变低。所以，新型 FDM 工艺技术采取双喷头设置，一个喷头用来沉积原型材料，另一个喷头用来沉积支撑材料（用来支撑悬空部分不掉落），然后后期对支撑材料进行去除处理，这样就可以在提高沉积效率的同时降低原型材料成本。

图 4-3　双喷头 FDM 类型的 3D 打印机

　　双喷头的设置对支撑材料提出了要求，比如支撑材料的耐热性要好，和原型材料不浸润，流动性比较好，具有水溶性或者酸溶性等。

　　FDM 工艺技术主要用于塑料制件、熔模铸造等方面，由于安全系数高，目前国内外常见的桌面级 3D 打印机大都采取 FDM 工艺技术进行打印、制作物品。

 3D 百科

FDM 工艺的"前世今生"

　　1988 年，FDM 工艺技术诞生了，该工艺由美国学者 Dr. Scott Crump 研制，FDM 工艺技术的推广是由美国 Stratasys 公司完成。

1993 年，Stratasys 公司开发出第一台 FDM 类型的 3D 打印机——FDM1650 后，就在 FDM 领域做了大量研究工作，从材料、工艺等方面进行改进，先后推出了 FDM2000、FDM3000、FDM8000 等系列 3D 打印机设备。

1998 年，Stratasys 公司推出 FDM Quantum 机型，该 3D 打印机可以打印的物体的最大体积达到 600 mm × 500 mm × 600 mm。

我国的清华大学是国内较早研制 FDM 工艺技术、进行 FDM 设备商业推广的机构之一，它和北京殷华公司曾合作研制出 FDM 工艺设备——MEM250。

4.1.3　激光烧结成形

激光烧结成形（SLS）技术诞生于美国的德克萨斯大学奥斯汀分校，美国 DTM 公司将这门工艺技术进一步推广，1992 年，该公司将 SLS 工艺的设备进行商业生产化，自此，SLS 工艺开始出现在大众面前。

1992 年之后，奥斯汀分校和 DTM 公司一直在探索研究 SLS 工艺，并在材料开发、设备研制、改进工艺中取得了卓越的成就，占据了大部分市场。另外，德国的 EOS 公司也在 SLS 工艺领域有所研究，并在该工艺的基础初上衍生出了金属粉末直接激光烧结（DMLS）成形工艺系统，推出了几款 SLS 类型的 3D 打印设备，占据市场的一定份额。

SLS 工艺技术是怎样做到将原材料打印成薄层的呢？它对打印原材料有什么要求？原理是什么？

使用 SLS 工艺技术打印物体的过程：在工作台上均匀铺上一层粉末

材料（金属或者非金属均可），厚度大概在 $100\,\mu\mathrm{m} \sim 200\,\mu\mathrm{m}$ 之间。当然，这靠人工不可能做到，所以会由铺粉滚筒的装置来完成，然后以二氧化碳激光器发出的激光束作为能源，按照计算机的控制对工作台上的粉末材料进行分层面的选择性的烧结，粉末材料会粘结形成一层截面，至此，一层扫描算是结束了。升降台上升一定高度后（此高度不超过 1 mm），铺粉滚筒再次将粉末铺平，重复上述过程，直到形成实物，如图 4-4 所示。

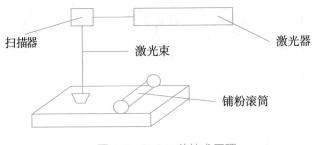

图 4-4　SLS 工艺技术原理

物品打印出来后，生产工作并没有结束，要想得到最终成品，还需要进行后期处理，最终烧结完成的物品会有多余的粉末，需要去除多余的粉末，还要经过打磨、烘干才能得到最终的产品。

大家也许会有这样的疑惑，为什么经过激光扫描之后粉末就会"粘结"在一起呢？这是因为粉末材料在加热之后，"粉末球"之间可以形成粘结，这是由材料本身的性质决定的，所以理论上，任何具有原子间粘结性质的粉末材料都可以作为 SLS 工艺技术的原材料。

SLS 工艺技术使用激光作为能源，不用担心温度的高低问题，既可以熔化低熔点的工程塑料粉末、尼龙材料粉末，又可以驾驭高熔点的覆蜡陶瓷粉、覆蜡金属粉等，成形物体的精度相比较 FDM 工艺提高了不少。不仅如此，SLS 工艺在打印物体成形的过程中，那些没有经过烧结的粉末正好充当了支撑结构，因此不必专门设置支撑工艺结构。

SLS 工艺技术也有它的局限性，对于单一金属材料来说，在用激光熔化过程中容易产生"球化"现象。什么是"球化"现象呢？在粉末熔化为液体的过程中，粉末很容易就会受力不均匀，导致粉末熔化后的液体不能很好地"融合"在一起，这就会影响打印物体的尺寸精度。如果激光的能量过高，粉末就会熔化过度，产生粉末飞溅的情况，这同样会影响物体的尺寸精度。

为了减少"球化"现象，科学家将目光转向了多原液相烧结，该原理是利用低熔点的粘结剂，利用熔化的粘结剂粘结粉末材料，如图 4-5 所示。

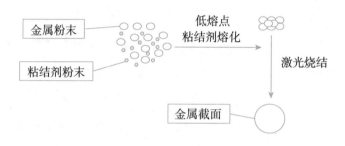

图 4-5　粘结剂原理示意

虽然粘结剂可以解决金属材料"球化"现象，但是由于该类研究并不深入，金属材料的制作还存在比较多的问题，相信随着人们对激光烧结金属粉末的进一步了解，SLS 技术的应用水平将会大大提高。

SLS 工艺技术的弊端在于用该工艺打印的物品力学性能比较差，物体表面不够光滑，致密度低，后续处理程序复杂。

SLS 工艺技术起初是采用二氧化碳激光器，后来为了降低成本，进行了工艺改进，现在我们使用的 SLS 类型的 3D 打印机普遍使用红外光发生器，利用紫外光的能量烧结粉末。

整体来看，SLS 工艺技术虽然尚有不足，但瑕不掩瑜，和其他 3D 打印技术相比，这种工艺可进行 3D 打印的原材料十分丰富，受到工业领域从业人员的广泛认可，未来可期。

我说你想

SLS 工艺技术使用的粘结剂需要具备哪些条件？

使用 SLS 工艺技术打印金属材料物品，我们需要添加粘结剂，减少"球化"影响，那么这对粘结剂提出了哪些要求呢？

现有比较成熟的粘结剂是利用熔点比较低的粉末材料，并且要求该粘结剂和原金属材料具有不同化学性质，不会发生化学反应。

我们在利用粘结剂时需要考虑到粘结剂起到"连接"作用，所以粘结剂不能对原材料的性质和性能产生影响，不能改变材料本身的特性，否则打印出的物体就会发生改变。

4.1.4　激光选区熔化成形

近年来，人们热衷于金属材料的 3D 打印技术的研究，利用 3D 打印技术打印金属制件可以极大程度地减少浪费，为此人们针对金属材料的打印研发了多种工艺技术，可以大致分为 4 类，共有 6 种技术可以打印金属材料。

激光选区熔化成形（SLM）工艺技术是为了打印金属材料制件而研发的工艺技术，它的应用最广泛，研究最深入。

SLM 工艺打印的金属工件制品的体积比较大，相较于 FDM 工艺技术的设备，SLM 工艺技术设备体积比较大。

SLM 工艺技术出现较晚，1995 年，德国 Fraunholfer 学院提出用离散—堆加原理打印金属材料制件，改进了 SLS 工艺技术中的缺点。

SLM 工艺技术原理过程与 SLS 工艺技术相同，利用激光产生的高能源熔化金属粉末（一般为不同金属组成的混合物），产生一层金属薄面，逐层累积，最终成形。

国内外都十分关注 SLM 工艺技术，国外有很多 SLM 设备制造商已经将其商业化，比如德国的 EOS 公司、SLM Solutions 公司等。

2003 年，我国华南理工大学开发出我国第一套 SLM 设备——DiMetal-100。现在，该设备已经进入商业化阶段。

我国 3D 打印技术虽然起步晚，但是 SLM 技术水平并不低，甚至处于遥遥领先的位置。我国不仅突破了 SLM 技术难以打印大尺寸金属零件的桎梏，率先研制出有 4 大光束的 SLM 设备，成形效率和尺寸是同类设备中的第一名。在打印钛合金材料中也取得了非凡的成就，我国是目前唯一可以实现将 SLM 技术工程化，制造大型主承力钛合金结构件并将其装机应用的国家。

SLM 工艺技术有什么具体的优点呢？ SLM 工艺技术所使用的激光器可以产生高功率密度的激光，拥有较高能量，为了将金属粉末完全熔化，其激光能量密度可达 5×10^6 w/cm^2，可以直接熔化金属混合粉末，经过散热后凝固，不需要使用粘结剂而能直接成形，可以打印出任意形状的金属零件，比 SLS 工艺技术的物品成形精度更高，也更加致密。

在材料方面，SLM 工艺技术可以使用金属材料的种类只有有限的几种，比如铁基合金、钛基合金、铝合金、钛合金以及贵重金属等，使用比较广的金属材料是钛金属以及钛合金，在航空航天、电子产品消费、医疗、珠宝首饰等行业广泛应用。

当然，SLM 工艺也有缺点，由于是高功率激光器，因此材料会在高温液态的状态下凝固，体积会缩小导致尺寸收缩，以及结晶晶粒粗大等问题。

整体来看，SLM 工艺技术打印物体精度高、质量好、不需要模具，适合打印复杂精密的金属零件，在精密机械、电子消费产品等高端制造领域受到专业人士的追捧。

我说你想

SLM 工艺技术和 SLS 工艺技术有什么区别呢？

SLM（激光选区熔化成形）工艺技术和 SLS（激光烧结成形）工艺技术从名字上就可以看出二者最大的不同。那么，从它们的名字中你能想到最大的不同是什么呢？

SLM 利用高功率激光熔化金属粉末，SLS 利用低熔点粘结剂粘结金属粉末。二者的比较如图 4-6 所示。

图 4-6　SLM 工艺和 SLS 工艺比较

4.1.5　光固化快速成形

光固化快速成形（SLA）工艺技术的原理是高分子聚合反应，该工艺是最早出现的 3D 打印成形工艺技术，最早被商业化，被公认为世界上研究最深入的 3D 打印方法。

你清楚 SLA 工艺技术的打印过程吗？ SLA 工艺技术的打印过程为：在特定容器中盛放光敏树脂液，然后激光发生器开始发射出紫外光线，紫外光线可不是任意发出的，它有自己的光线轨迹（扫描系统从计算机中接收到的需要打印的物体截面轮廓），只有这样，才能固化出具有一定形状的薄层切面。随后升降台开始移动，激光发生器再次发射出紫外光线，不断重复这个过程，直到整个零件制造完成，其工艺原理如图 4-7 所示。

零件打印成形以后我们的工作还没有结束，我们还需要从树脂液中取出零件并进行后续处理的工序，比如烘干等操作。

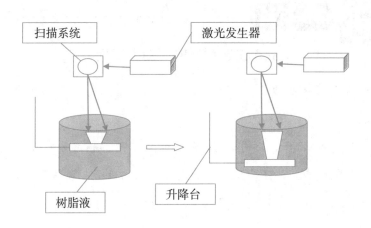

图 4-7　SLA 成形工艺原理

起初，光敏树脂采用激光固化的方法，1996 年，西安交通大学为了降低成本研发了使用廉价的紫外光的 SLA 工艺设备，并开发了与之相对应的光敏树脂材料。近年来，美国某公司研制出了使用蓝色卤素冷光的 SLA 设备以及相对应的光敏树脂材料，由于冷光固化不用担心温度，可以避免温度变化产生的形变，因此此树脂首先被用在修补牙齿方面。

SLA 工艺技术的优点是工艺成熟稳定，自动化程度高，成形零件的精度和光洁度比较高，制件表面质量好。

SLA 工艺技术的缺点在于原材料有限，只能使用具有光敏反应的高分子材料进行打印，成本也比较高，打印成形的零件比较脆，后期处理复杂。

随着 3D 打印技术的发展，SLA 工艺技术不断成熟和完善，SLA 技术可以制作结构比较复杂的模型和零件，将在生物、医药等领域大有作为。

3D 百科

SLA 工艺材料的"四大系列"

SLA 工艺技术的原材料有限，目前成熟并进行商业化的只有光敏树脂，主要分为以下四大系列。

系列一：Vantico 公司的 SL 光敏树脂系列，颜色为乳白色，使用该材料打印成的制件强度佳，表面光滑，但韧性小，容易发生脆裂。

系列二：3D Systems 公司的 ACCURA 光敏树脂系列，该系列下有多种树脂材料，每种树脂材料各有侧重，特性不一，硬度都比较好。

系列三：Ciba 公司生产的 CibatoolSL 光敏树脂系列，该类树脂打印而成的制件防潮、防水性能很好，适用于水下环境。

系列四：杜邦（DSM）公司的 Somos 光敏树脂系列，该类树脂打印而成的产品不仅防水性能佳，而且耐高温，经过高温加热后，拉伸强度也会增强。

4.1.6　分层实体制造技术

分层实体制造（LOM）工艺技术是一种薄膜材料叠加技术，出现时间比较早，1986 年，美国 Helisys 公司研制出 LOM 工艺技术并成功推行 LOM-1050 和 LOM-2030 两种型号的设备。日本、瑞典、新加坡等国家也在研究该技术，我国的清华大学、华中科技大学对 LOM 工艺技术也有所研究。

LOM 工艺技术的原理比较简单，就是利用激光的能量切割薄板材料（比如纸张），然后堆积这些薄板材料形成立体实物。利用 LOM 技术打印的物体的形状比较简单。

LOM 工艺技术以片材为原材料，这里的片材是指材料状态为片状的材料，比如纸片、塑料薄膜或其他片状的复合材料。

打印物体的过程如下。

首先，机器会把背面涂热熔胶的片材通过热辊加热，这样热熔胶熔化产生黏性，这些片材就会粘结在一起。

其次，激光切割系统发射出激光，按照计算机给定的横截面切割轮廓。

最后，切割完成后，再铺上一层新的片材，通过热压装置和下面已经切割好的片材粘结在一起，激光切割系统再次切割。

如此层层切割、粘结，最终去除多余材料形成物品，具体工作环境如图 4-8 所示。

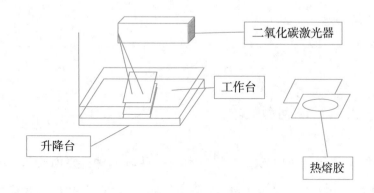

图 4-8　LOM 工艺技术成形工作环境

LOM 工艺技术的优点如下。

（1）利用片材材料，其模型的支撑性好，不用设计支撑结构。

（2）打印速度快、形变小。该工艺技术不用激光束进行逐层扫描，而是沿着轮廓进行切割，所以打印不仅速度快，而且物体成形后的翘曲形变小。

（3）材料成本低。LOM 工艺技术被成熟应用的材料是纸张，所以成本相对较低。

LOM 工艺技术的缺点在于原材料有限，主要使用纸张材料，而且材料的厚度不能自如调整，导致物体成形后精度比较低，不能制造内部结构比较复杂或者中空的零件，而且成形后的零件不能防水防潮，需要涂上防潮涂料。

LOM 技术的应用范围主要是快速制造新产品样品、模型，很少用来打印可以直接使用的实际物体。

我说你想

LOM 工艺技术中使用的热熔胶需要满足什么要求?

LOM 工艺技术中片状材料之间需要使用热熔胶粘结各层纸板或塑料板，这些热熔胶是只需要有黏性就可以了吗? 需要满足什么其他条件吗?

我们经常使用 EVA 型的热熔胶，该类热熔胶可以满足 LOM 工艺对材料的要求，它具有以下特性。

(1) 具有良好的热熔冷固性，可以在加热条件下熔化，在室温条件保持原状 (固态)。

(2) 具有良好的稳定性，无论处于熔化还是凝固状态，它的物理和化学性质保持不变。

(3) 加热熔化之后可以对材料进行涂层并均匀分布在材料之上。

(4) 粘结强度强，不会轻易掉落。

(5) 和废物分离难度低，不用担心后期处理。

4.1.7　三维打印成形技术

19 世纪 80 年代，美国麻省理工学院 E.M.Sachs 等人成功研发了三维打印成形 (3DP) 技术，使用的材料主要为粉末材料，比如塑料粉末、陶瓷粉末、石膏粉末等。

美国的 Z Corporation 公司生产的 Z 系列 3D 打印设备，3D Systems 公司生产的 Professional 系列 3D 打印设备，还有以色列 Object 公司生产的 Eden 系列 3D 打印设备，这些 3D 打印设备为主要采用 3DP 工艺技术并已成功实现商业化。

3DP 工艺技术和 SLS 工艺技术相似，也是将粉末状的材料打印成真实物体，但和 SLS 工艺技术不同的是，它没有激光发生装置。那么，3DP 是如何将粉末状的打印成截面薄层的呢？

3DP 工艺技术通过喷头挤出粘结剂（比如硅胶）粘结粉末材料形成一层"截面"，打印过程为：在工作台上铺上薄薄的一层粉末材料，挤压头中的硅胶（粘结剂），按照计算机截面的数据有选择地挤出粘结成一层薄面，随后升降台下降 0.013～0.1 mm，盛放粉末材料的容器上升一定高度，将粉末材料挤压到升降台上，然后铺粉辊就开始发挥它的作用了，将粉末铺平并压实。其工艺技术原理如图 4-9 所示。

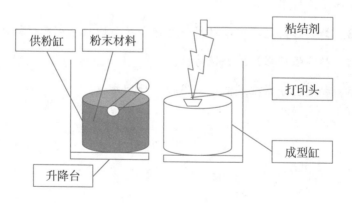

图 4-9　3DP 工艺技术原理

就这样经过铺粉—粘结—送粉的步骤，就得到了一层薄面，重复该过程，直到物体成形，然后再做最后去除干粉的工作，即可得到最终物体。

利用 3DP 工艺技术打印物体的优点有哪些呢?

第一, 3DP 工艺技术打印物体成形速度快, 使用的打印材料价格低, 比如陶瓷粉末、石膏粉末等。

第二, 可以在粘结剂中添加各种颜色的颜料达到给物体上色的目的, 这是 3DP 工艺技术独有的优点。

第三, 物体成形过程中去除多余的粉末省时省力, 适合做内部结构复杂的模型。

同时也必须看到 3DP 工艺技术的不足, 那就是零件制品的强度低、精度低、不适合直接使用, 仅可以把它当作模型来看待。

利用 3DP 工艺技术打印的彩陶工艺品已经得到广泛应用, 3DP 使用的原材料价格低, 工艺简单, 适合成为桌面级的 3D 打印机。相信随着 3DP 工艺技术的发展, 未来我们可以看到更多 3DP 类型的 3D 打印机走进千家万户, 成为桌面上的工厂。

3D 百科

和普通打印最相似的技术——3DP 成形工艺技术

三维成形打印技术研制出来得比较早, 它可以说完全借鉴了普通打印的原理, 就连打印头都是直接用的平面打印机的打印头。

3DP 成形工艺技术的打印过程和平面打印彩色纸张非常相似, 在打印彩色纸张过程中, 打印头喷出彩色墨水形成文字或图形。在 3DP 工艺技术中, 打印喷头挤出的是液体, 一般为粘结剂或者水(用来激活粉末中的粘结剂)。

两者不仅装置相似, 而且原理相似。

4.2　3D 打印其他成形工艺技术

3D 打印成形工艺技术有很多，除了前文介绍过的工艺技术，还有一些工艺技术只出现在科学家的实验室中，尚没有进行实业制造；也有工艺技术因为价格昂贵，只在特定的高端制造领域出现。这里重点介绍 EBM 工艺技术与 DMLS 工艺技术。

4.2.1　EBM 工艺技术

电子束熔融（EBM）工艺技术由 Arcam 有限公司于 1997 年研制出来，这是一项比较新的工艺技术，目前只有一家公司生产 EBM 类型的 3D 打印设备，那就是——GE Additive 公司，虽然它的具体价格不公开，但众所周知，它一定是很昂贵的。

EBM 工艺技术和 SLM 工艺技术相似，都是以金属粉末为原料，熔化金属粉末形成零件截层。EBM 工艺技术特别的地方是该工艺采用电子束作为能量来源，这就决定了该工艺只能加工金属粉末材料，无法加工其他类型的材料。使用电子束熔化金属粉末，可以生成非常致密的零件，可以直接加工任何形状的物体，其成形的零件制件的硬度、强度、光滑度都十分优秀。EBM 类型的 3D 打印设备如图 4-10 所示。

图 4-10　EBM 类型的 3D 打印设备

EBM 工艺技术和其他同类型原理的工艺技术,如激光烧结、激光熔化工艺技术相比,具有以下优点。

(1)电子束的使用有效降低了电力的消耗,容易安装和维护。

(2)使用电子束进行扫描可以提高扫描速度。

(3)真空环境降低了金属氧化的概率,减少金属杂质的产生。

EBM 工艺技术的缺点如下。

(1)EBM 工艺技术需要真空环境,所以需要配备一个系统,增加了成本。

(2)需要用到电子束就不可避免地会产生 X 射线,有辐射的危险。当然,我们可以设计真空腔来屏蔽射线。

(3)粉末材料会被预热,出现假熔化现象。

EBM 工艺技术经过研究和改进,现在已经广泛应用于原型制作、快速制造、生物医学等领域,适合打印小批量复杂零件,其打印的零件制品具有精度高、硬度强等优点,深受人们喜爱。

4.2.2 DMLS 工艺技术

激光金属 3D 打印工艺技术除了 SLS、SLM 之外还有一种工艺技术，那就是金属直接激光烧结成形（DMLS）工艺技术。它和 SLS 工艺技术不同，不是利用粘结剂的粘结作用，而是在金属粉末材料表面添加熔覆材料，当激光束扫过，该熔覆材料和金属基材表面薄层一起熔化，这样一层一层堆积起来直接形成金属零件。DMLS 工艺类型的 3D 打印设备如图 4-11 所示。

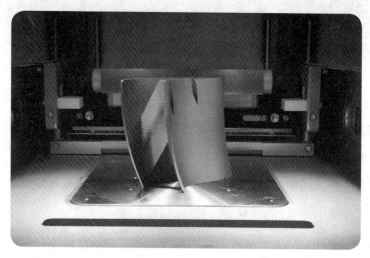

图 4-11　DMLS 类型的 3D 打印设备

DMLS 工艺技术的优点如下。

（1）激光熔覆材料和基体的熔化相当于与冶金结合，其强度不低于原金属材料的 95%。

（2）使用熔覆材料和基材一起熔化，其界面组织细密，精度高，没有孔洞，也不存在夹杂裂纹等问题。

（3）该工艺技术打印的金属材料零件的强度、硬度等都很高，制件性能优秀。

（4）如果大型设备局部零件有磨损或者损伤的情况，可以使用 DMLS 工艺技术进行适当修复，降低成本。

（5）熔覆工艺容易控制，可实现自动化。

DMLS 工艺技术在冶金、石化、电力、机械、化工等领域都大有作为，可以直接制造大型设备的重要部件，如轮盘、曲轴、泵轴等。

3D 打印成形工艺技术不断在发展，不断有科学家研制出新的成形工艺技术，比如层压制造（LLM）工艺技术、气溶胶打印技术、生物绘图技术等全新的 3D 成形工艺，这些工艺技术在不同领域发挥着不同的作用，也许还可以期待一下未来 3D 打印成形工艺还会带给我们什么样的惊喜。

快问快答

打印成形工艺技术丰富多样，每一种技术都有它们各自的特点和不足之处。3D 打印技术都有哪些工艺呢？它们各自有什么不同？和其他工艺技术比又具有怎样的优势呢？

3D 打印成形工艺技术中，用于金属打印的成形工艺技术有哪些？打印金属产品效果最好的成形工艺技术是什么？

SLS 和 SLM 成形工艺技术都可以用来打印金属制件，利用激光的高能量熔化金属粉末，那么它们有什么不同之处呢？尝试着说出一两个它们的不同点吧。

科技打印未来:探索3D打印技术

第 5 章

3D 打印的灵魂
——CAD 建模软件

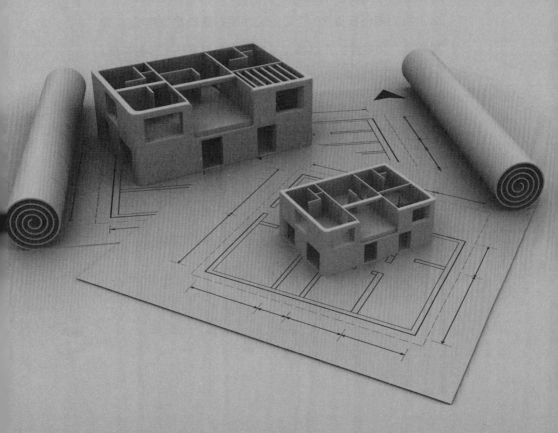

在进行 3D 打印时，我们除了需要一台 3D 打印机，还有一个重要的部分不可缺少，它就是数字模型文件。

3D 打印使用的数字模型文件可以说是 3D 打印的灵魂，它控制着打印的最终结果，由此可见它的重要性。那么，我们如何获得 3D 打印的文件呢？答案是使用 CAD 建模软件，将零件的三维模型变成相应的数字的文件并存储。什么是 CAD 建模软件？ CAD 建模软件又是如何形成数字文件的呢？接下来我们就一起来探秘吧。

5.1 开启 3D 打印之旅，轻松学会建模

3D 打印技术的核心是文件，打印前需要上传数字模型文件到 3D 打印机中，文件中应存储物品的形状、长度、宽度和高度等基本信息，不可或缺。

3D 打印涉及长、宽、高等信息，因此我们需要建立物体的三维模型，即在 CAD 建模软件中创建一个对象，这个对象就是我们需要打印的物体的模型，该模型是物体的数据的表达，是实物的立体模型。物体的三维模型如图 5-1 所示。

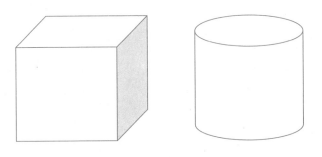

图 5-1　物体的三维模型

在 3D 打印的准备阶段，物体的虚拟模型存储为 STL 的文件格式，这是为 3D 打印技术服务的三维图形，是 3D 打印技术的标准格式，STL 文

件将复杂的三维图形拆解形成一系列三角面片，包括点、线、面等基本几何信息。

3D 打印文件的创新

STL 格式是 3D 打印设备最常用的文件格式，也是 3D 打印的标准格式，但是除此之外，我们还在研究 3D 打印机可以识别的其他文件格式，希望可以简化 3D 打印。

2015 年，微软和其他 3D 打印公司联合开发了一种新的 3D 打印文件——3MF，该类文件可以减少 3D 打印文件导出时的细节遗漏，定义并控制一些重要的物体打印时的信息，比如颜色。

3MF 是一种新的 3D 打印文件的格式，让我们看到了 3D 打印文件的另一种可能，可以促进 3D 打印文件格式进一步发展。

5.2　走进 Tinkercad 之门

Tinkercad 是 Autodesk 旗下的一款 CAD 软件，是一个网页版的 3D 设计和建模程序，可以免费使用，它的操作十分简单，非常适合初学者使用。无须下载专门的软件，只需要输入网址（https://www.tinkercad.com）即可在该程序中设计项目，可以随时随地开展设计，完成的作品会保存在云端，不会丢失。

利用 Tinkercad 软件来制作 STL 格式的 3D 模型会很困难吗？实际上，它并不简单，但是也不会很复杂，下面我们一起来尝试制作。

5.2.1　基础工具的使用

首先，我们需要注册一个账号，登录成功之后我们会看到如图 5-2 所示的项目设计界面。

其次，点击"创建新设计"按钮，我们就会进入 Tinkercad 软件的工作台，它的功能栏的作用如图 5-3 所示。

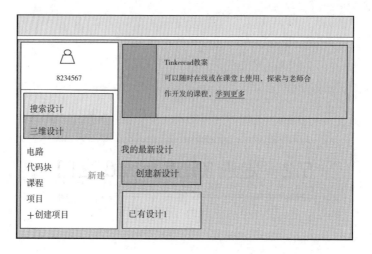

图 5-2　Tinkercad 软件的界面

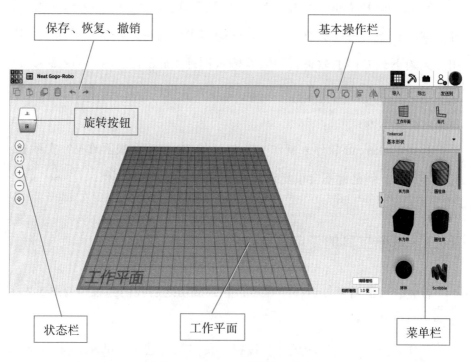

图 5-3　Tinkercad 软件工作台

工作平面：在工作平面中可以拖拽各种形状的 3D 模型到此处进行组

合，常见的操作就是"做加法"和"做减法"。

状态栏：对工作平面进行控制，可以扩大缩小视角进行转换。点击左上角正方体按钮，可以转换 3D 模型的视角进行组合。

菜单栏：包含常见的几何形状的 3D 模型和其他常见的电子电器的 3D 模型以及导入、导出文件格式等操作。

基本操作栏：包含组合和解除组合操作，可以实现 3D 模型的组合，形成最终效果。

5.2.2 "加""减"的应用

什么是"做加法"和"做减法"呢？这是一个布尔运算的术语，是指一个模型到另一个模型做重合部分的加减法，是 Tinkercad 软件的核心，可以用以下形式来表达，如图 5-4 所示。

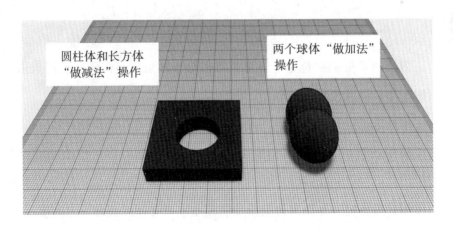

图 5-4 创建模型"加减法"操作

当模型做减法操作时，多余的重复的部分会被"减去"，形成中空的状态。当模型做加法操作时，多余重复的部分只会出现一次，相当于两个模型做"加法"形成新的模型，呈现"交集"。

了解了这两种基础操作之后，我们就可以对基础的 3D 模型进行"加减"操作，形成新的模型。

当我们想要修改 3D 模型的尺寸时，只需要把鼠标移动到该模型处，此时就会弹出该模型的尺寸，点击棱角处出现的各种图标（控制手柄）就可以修改模型的长宽高等信息，如图 5-5 所示。

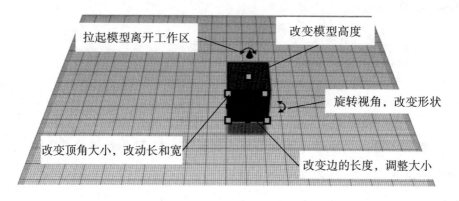

图 5-5　Tinkercad 中一个正方体的控制手柄

正方形顶角处的白色正方形可以用来修改顶角大小，所以我们点击该图案时，可以修改模型的长和宽。

在模型边长中间有黑色小正方形，点击该图案可以修改模型的边长。

在模型的顶端正中间有一个小正方形，点击该图案可以改变模型的高度。

顶部的黑色箭头是用来拉起模型使模型离开工作区表面一定高度。

旋转箭头用来改变模型的形状，点击该图案，模型会发生一定的变形。

5.2.3　制作一个 CAD 模型

在经过前面的一些准备之后，我们就可以开始进入物体创造阶段了。以房子的 3D 模型为例，我们要用纸笔勾勒一下我们建的房子的基本草图，即我们需要知道自己需要将哪些 3D 模型来进行组合，真图可以起到参考和提示的作用。

找到我们需要的 3D 模型，一个长方体，一个三棱柱体，一个半圆柱体，如图 5-6 所示。

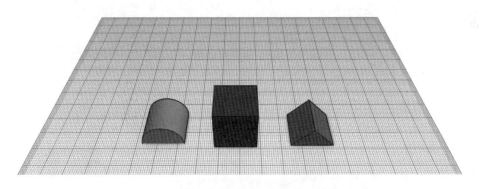

图 5-6　房子模型需要的基础 3D 模型

调整这些基础 3D 模型为合适的大小，例如将充当房屋整体的正方体利用控制手柄调整为长 60 mm、宽 50 mm、高 30 mm 的尺寸，将充当房子屋顶的 3D 模型的长、宽和房屋整体调整一致。

可以把另外一个圆形屋顶当作房子的窗户，和房屋整体做"减法"操作，尺寸可以和房屋一致，也可以适当变小一点，高度适当就可以，如图 5-7 所示。

接下来我们如何组合这些 3D 模型，形成房屋的"窗户"呢？我们需要把半圆柱体的 3D 模型进行"镂空"操作，拖动半圆柱体的模型至长方体中间，点击空心按钮，这时就变成镂空的了。这一步骤过后，模型颜色会有所改变，变成灰色，如图 5-8 所示。

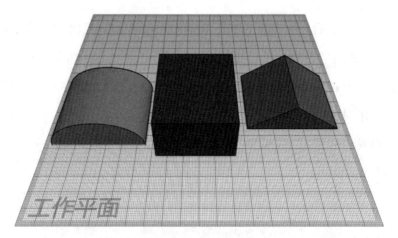

图 5-7　调整房屋尺寸

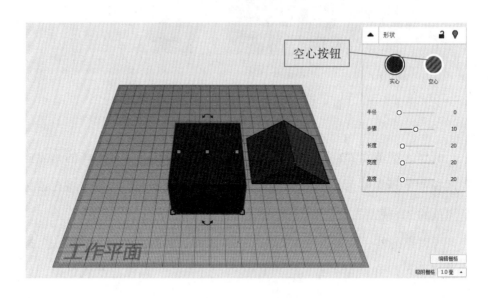

图 5-8　半圆柱体变成空心

　　这时我们还差最后一步，这两个模型就可以做"减法"操作，相当于
长方体中割掉了一个半圆柱体，那就是按住 Shift 键选中这两个模型，点

击"组合"按钮（当选中这两个 3D 模型之后，组合按钮会变成黑色，此时可以点击进行操作），就会显示如图 5-9 所示的效果。

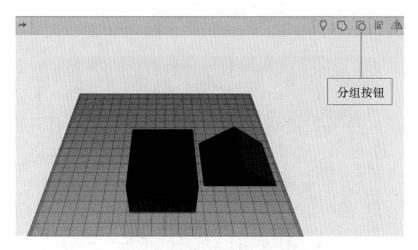

图 5-9　半圆柱体和长方体做"减法"效果图

现在我们将房顶装上，这个房屋的模型就基本完成了。如何将房屋"移动"上去呢？点击房屋顶部的黑色箭头，把该模型拖离工作台表面 30 mm（和房屋的高度保持一致），如图 5-10 所示。

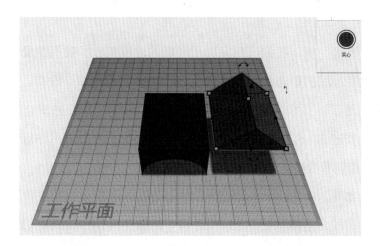

图 5-10　拖离房屋模型至工作平面表面 30 mm

拖动房屋屋顶和房屋整体对齐，执行"做加法"操作，步骤为：按住
Shift 键选中房屋屋顶和整体，点击"分组"按钮，最终形成房屋的 3D 模
型，如图 5-11 所示。

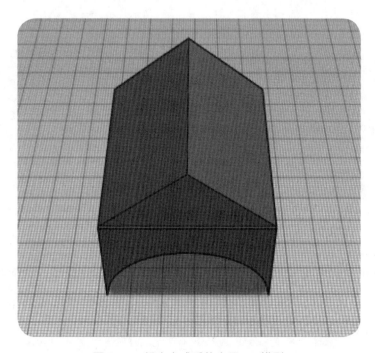

图 5-11　组合完成后的房屋 3D 模型

进行到这一步，我们已经完成了房屋的建模工作，我们需要切换不同
视角，观察房屋的形态是否正常以及是不是有缺损。如果没有，我们就可
以导出文件了，点击"导出"按钮，将文件保存为 STL 格式，然后将该
STL 文件放进 3D 打印机就可以进行打印了，数小时之后，你就会发现一
个房屋模型制作生成。

除此之外，在 Tinkercad 软件之中，还可以镶嵌文字及各种其他基本
图形，使用任意基础款的 3D 模型进行"加减"操作会得到我们建立的实
物模型，如图 5-12 所示。

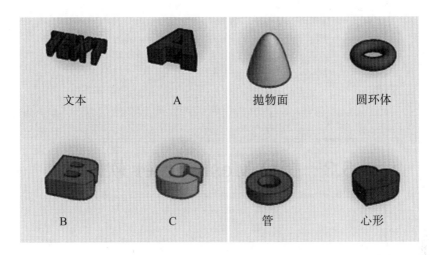

图 5-12　Tinkercad 软件中的基础模型和文字

我说你想

Tinkercad 软件的优点有哪些?

经过学习使用,相信你一定对这款简单易用的 Tinkercad 软件有了初步了解,结合你自己的操作体验,你认为 Tinkercad 软件的优点有哪些呢?

(1)操作简单。在进行实物建模过程中,只需要对基础的 3D 模型进行组合,即可得到我们需要的模型。

(2)功能齐全。虽然我们可以进行的操作有限,但是建模过程中该有的功能它全部拥有,并不显得简陋。

(3)基础模型多样。Tinkercad 软件的基础模型多样,甚至加入了电路模块,满足电子元器件的设计和打印,设计者可以在上面自由设计作品并上传。

5.3　探秘 Meshmixer 软件

5.3.1　Meshmixer 软件的基础操作

Meshmixer 软件和 Tinkercad 软件师出同源，也是 Autodesk 旗下的一款免费的 CAD 软件。Meshmixer 软件功能丰富，既可以设计简单的模型，也可以创作出复杂精美的专业作品，比如可以制造出各种动物和人体的雕塑模型。

Meshmixer 软件的安装很简单，在 Meshmixer 软件的官网上下载安装包，然后按照提示在计算机上安装即可。当然，如果你想要使用中文版的软件，安装步骤如下。

第一步，安装好后先不要打开该软件，找到 Meshmixer\resources\stringTable 文件夹，里面包含 4 个文档，保留 qml_zh_CN.qm 和 qt_zh_CN.qm，其余文档删除。

第二步，将保留的两个文档分别命名为 qml_ja_JP.qm 和 qt_ja_JP.qm。

第三步，打开 Meshmixer 软件，将 File 目录下 Preferences 中 lauguage

的选项改为中文。

重新打开该软件,我们就可以看到软件语言变成了中文,界面上各部分功能如图 5-13 所示。

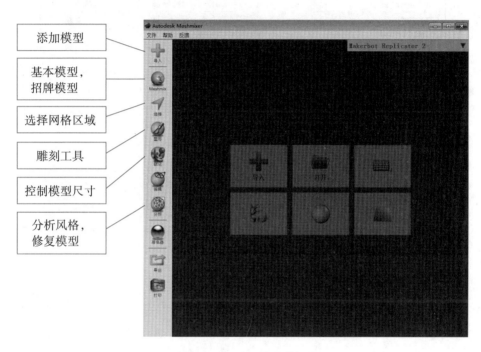

图 5-13　Meshmixer 软件的操作界面

在 Meshmixer 软件中有很多形状,包括胳膊、耳朵、腿等生物器官和身体部位,这些模型位于左侧工具栏中,点击"Meshmix"按钮,就可以看到它们了。我们可以发挥自己的想象力,将它们任意组合,形成新的生物模型。

在 Meshmixer 软件中,如何控制模型的尺寸、旋转角度呢?以小狗模型为例,我们点击导入按钮,里面包含可以直接导入然后进行操作的模型,如图 5-14 所示。

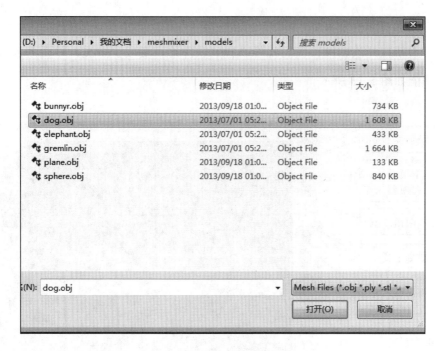

图 5-14　添加小狗模型

导入模型后在操作界面中会看到如图 5-15 所示的效果，这个模型是侧躺着的，我们想要小狗"站"起来该如何操作呢？点击左侧"编辑"按钮，选择"变形"选项，在小狗模型身上会出现操作选项（图 5-16）。

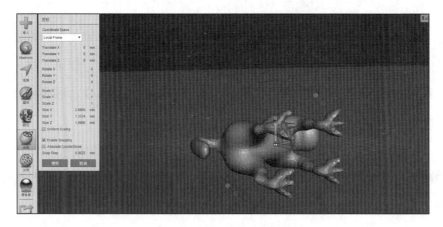

图 5-15　导入的小狗模型

我们可以通过点击箭头来控制模型的状态，将小狗模型逆时针旋转 90° 就可以让小狗模型"站"起来，如图 5-16 所示。如果我们想要转换视角，长按鼠标右键就可以转换视角观看了。

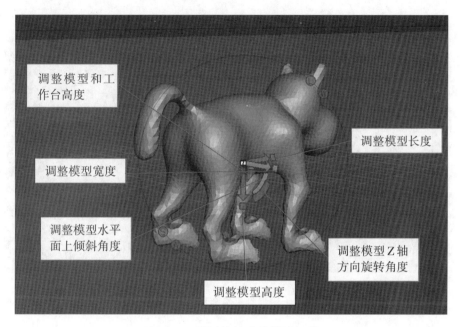

图 5-16　通过旋转改变模型角度

如果我们想要准确控制模型的尺寸，可以点击左侧工具栏中的"分析"按钮中的"单位 / 尺寸"选项，可以在这里直接设置模型的长、宽、高等信息。

5.3.2　雕刻工具的使用

熟悉如何操作模型以及各个按钮的工具之后，我们就可以着手制作新的模型了。在 Meshmixer 软件之中有 80 多个工具，雕刻工具属于比较重要和有趣的工具。它的最大作用是给模型添加额外的部分，比如我们可以给上述小狗的模型加上驼峰和一只尾巴，拉长耳朵。那我们该如何操作呢？点击"塑形"按钮中的"笔刷"选项，移动到小狗身上，就可以进行创作了，看起来就好像在模型身上新加了一些黏土一样，这样一只造型奇特的动物就新鲜出炉了，如图 5-17 所示。

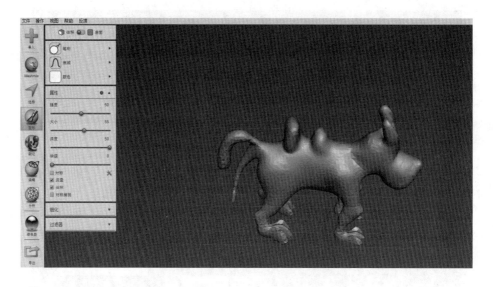

图 5-17　用雕刻工具雕刻"数字黏土"

点击"笔刷"选项时下方会出现笔刷的属性设置，该选项可以设置刷子的粗细、强度、流畅性等特点，可以根据需要随时调整，一般我们把刷子的强度调整为 77。我们还可以在增加"数字黏土"时不断调整视线，使添加的部分从各个角度看上去都比较和谐。

5.3.3　支撑工具的妙用

Meshmixer 软件有一个特色那就是可以添加支撑，添加支撑最大的好处就是可以避免模型在打印时因缺少支撑材料而下垂。添加支撑工具的操作很简单，我们需要点击左侧工具栏"分析"按钮中的"悬垂结构"选项，点击"生成支撑"就会生成支撑结构（预设中的选项将自定义设置改为适合 3D 打印机的参数，比如 Ultimaker2，不同打印机参数不尽相同，也可以用默认设置），以兔子的模型为例，如图 5-18 所示。

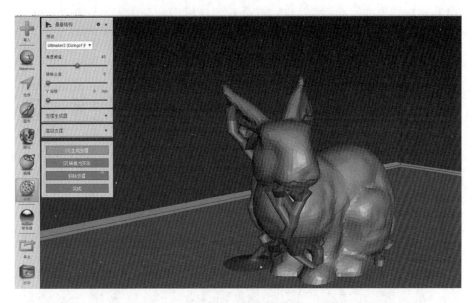

图 5-18　添加支撑材料

如果我们想在模型的某个部分添加支撑结构，直接在那个部分左键单击支撑，软件就会自动添加支撑线，如果想要去除某个支撑结构，按住 ctrl 键并用鼠标点击该处支撑就可以去除。

点击"转换为实体"按钮，就会把支撑结构转换为模型的一部分，菜单栏会提示你是否替换新模型，如果选择替换，当我们保存为 STL 文件时，3D 打印机在进行打印时也会把支撑结构打印出来。

5.3.4　切割工具的使用

Meshmixer 软件含有切割工具，利用切割工具可以形成内部中空的结构。点击左侧的"Meshmix"按钮，选择一个多面体模型放在工作台上，调整尺寸，我们可以使用该模型做一个吊坠，点击左侧菜单栏"编辑"按钮中的"平面"切割选项，在弹出的窗口中选择"Slice groups"和"No fill"选项，点击"接受"，我们就会看到该模型被分成了不同颜色的上下两部分，如图 5-19 所示。

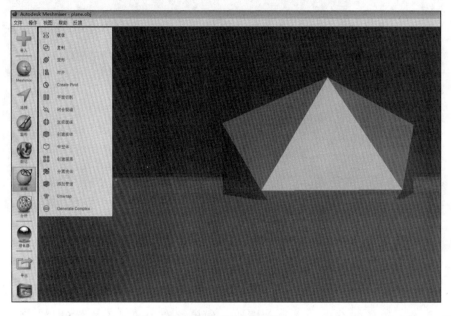

图 5-19 切割多面体

在切割分组指令的控制下，这两个半多面体相互独立，互不影响，然后我们可以继续之前的操作。在每次切割前需要将模型旋转一定角度，保证每次切割不会切割同一部分。切割几次，形成含有多组多面体的模型，如图 5-20 所示。

进行到这一步，我们还差最后一步就可以得到内部中空的吊坠了，那就是点击"编辑"按钮中的"创建图案"选项，第一个选项中选择"面组边框"，就会得到图 5-21 所示的效果，即切割完成后的模型。

图 5-20　含有多种多面体的模型

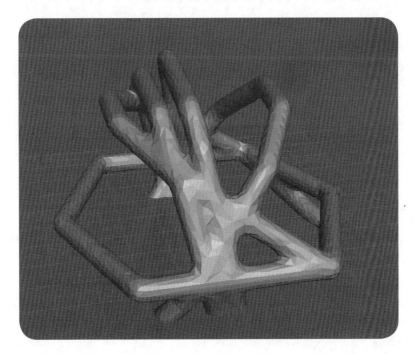

图 5-21　切割完成后的模型

Meshmixer 软件还有许多工具都有很强大的功能，希望你可以继续探索并用这个软件设计出自己的作品。

3D 百科

独具一格的 Meshmixer 软件

Meshmixer 软件拥有自己强烈的个人风格，主要体现在其模型修复功能上。如何才能知道模型是否完整，是否需要修复呢？

点击"分析"按钮中的"检查器"选项，我们就可以看到模型是否需要修补，全面扫描模型，如果有需要修补的地方，那部分会出现蓝点，点击"全部自动修复"按钮，模型的缺口就会补上。

5.4 熟悉 Fusion360 软件的使用方法

5.4.1 Fusion360 软件的基础操作

如果想要打印出工业上使用的零件或模型，就必须使用更为专业的 3D 建模软件——Fusion360 软件。该软件可以设计结构复杂的模型，它的付费方式也很特别，个人和学生可以免费使用该软件一年。

从官网上（https://www.autodesk.com.cn/products/fusion-360/overview）下载 Fusion360 软件，然后按照提示安装即可。打开软件，我们就可以看到软件界面及其各部分功能（图 5-22）。

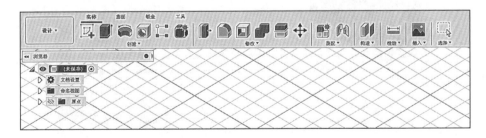

图 5-22 Fusion360 软件的工作界面

Fusion360 软件可以利用草图将二维图形拉厚突出形成三维图形，依次点击"创建草图"按钮—"长方形图案"按钮—"完成草图"按钮，效果如图 5-23 所示。

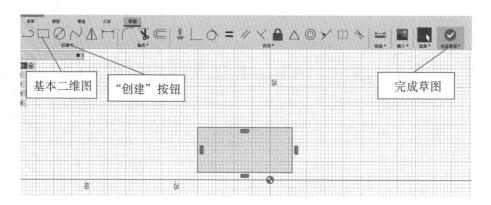

图 5-23　在工作台上绘一个长方形二维图形

完成草图之后，我们需要进行"拉伸"操作，将二维图形变成立体形状。具体操作为：在"创建"按钮中的"拉伸"选项中（图 5-23），选中该平面图形，在跳出来的弹框中输入三维物体的高度，就可以得到一个长方体，点击"确定"按钮，如图 5-24 所示。

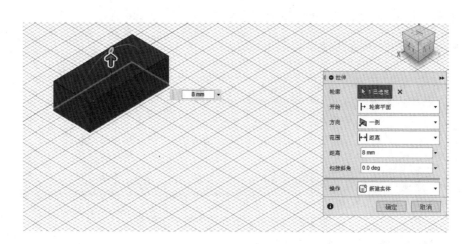

图 5-24　创建几何形状模型

5.4.2 "修饰"功能的妙用

我们还可以进行"修饰"功能的操作，即把棱角磨平，形成棱角圆润的物体模型，点击"修改"按钮中的"圆角"选项，单击长方体的一个边，会弹出如图 5-25 所示的弹窗，修改尺寸，该长方体模型的棱角就变成了圆角。在修饰功能下还有"倒角""抽壳"等功能，都可以修饰模型，达到更加实用和美观的效果。

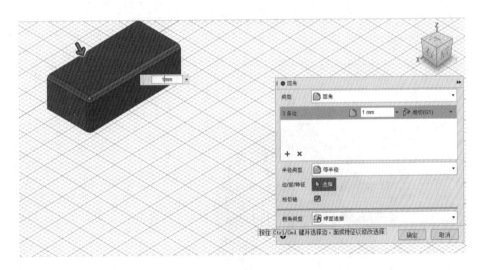

图 5-25　经过"圆角"功能修饰后的模型

Fusion360 软件还可以让模型之间相互组合，甚至可以把几何形状和雕塑形状混合，形成新的风格。点击"工具"按钮会出现很多基本模型，点击"四分球"，我们就会发现在界面中出现了一个球体，点击"完成造型"按钮，如图 5-26 所示。

Fusion360 软件利用参数建模的方法，可以随时修改和撤销我们对模型的操作，并且模型会自动做出合理的改变，如图 5-27 所示。

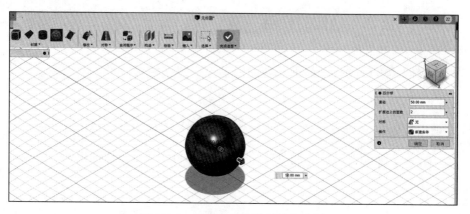

图 5-26　根据现有的模型创建球体

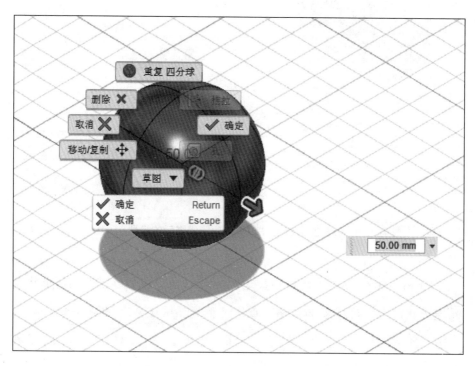

图 5-27　右击模型出现操作参数

　　Fusion360 软件所运用的参数建模的方法满足了我们对算法的部分需求。例如，如果我们修改了房子房顶的形状，根据承重能力，房体也会做出相应的改变，大大减轻了我们的工作负担，这也是为什么它可以快速进行大量模型的修改，属于专业的 CAD 建模软件。

总之，Fusion360 软件还有许许多多的功能等着你来探索，它包含了很多操作，足以满足工业上小型零件的制造。

Fusion360 软件是一款比较新的 CAD 建模软件，融合了很多建模软件的优点，它基于云平台，可以多个人协作完成项目，建模也不需要联网。它被业内人士寄予厚望，很多人都很看好它未来的发展。

我说你想

Fusion360 软件和 Meshmixer 软件有什么区别呢？

Fusion360 软件和 Meshmixer 软件这两个软件同属于一个公司，但是 Fusion360 软件比 Meshmixer 软件的功能要齐全得多。这两款软件你是不是都实际操作过？结合自己的切身体验，从软件功能、界面布局等方面，你能想到这两款软件的不同之处有哪些吗？

除了常见的组合、切割等基本操作功能之外，Fusion360 软件还拥有修饰功能，比如倒角和削边，可以让模型看上去更加美观。此外，它还拥有检查功能，可以测量模型的尺寸，看到更多细节，甚至看到模型内部的剖面图。

Fusion360 软件和 Meshmixer 软件最大的不同是 Fusion360 软件具有绘画功能，可以将平面图形拉厚突出变成 3D 模型，甚至可以插入手机照片加厚形成 3D 模型。

5.5　了解 Creo（Pro/E）、UG 和 SoildWorks 软件

5.5.1　Creo（Pro/E）软件——最早实现参数化

对于使用 3D 打印技术的工作人员来说，他们对 3D 模型的要求更为严格，需要更加专业的建模软件。这些专业的建模软件不仅可以形成 STL 文件，还具有强大的功能，目前主流的工业上通用的 3D 建模软件有 Pro/E（2010 年，PTC 公司推出 Creo 设计软件，也就是说 Pro/E 正式更名为 Creo）、UG、SoildWorks 等软件，它们各有什么特色和优点呢？

Creo 软件集 CAD、CAM、CAE 技术为一体，是三维建模软件中重要的成员，也是参数化技术最早的应用者。除了可以构造 3D 模型，该软件还可以设计产品，在国内产品设计领域很受欢迎。它有很多版本，比如 proe2002、proe2.0、proe3.0 等。

除了现有的基础模型，在 Creo 软件中，我们还可以选择自己绘制图形，这就大大提高了设计能力。使用该软件可以使"平面"图形变为"立

体"形状,其原理和 3D 打印十分相似。我们在"草绘"工作平台中,可以首先绘制一个平面图形,比如圆形,然后点击"插入"按钮中的"拉伸"选项,输入拉伸高度,我们就会发现这个平面图形变成了立体形状,基于此功能,我们可以设计出复杂形状的物体的 3D 模型。除此之外,Pro/E 软件还有"倒角""圆角"等灵活功能,可以改变模型的形状。

Creo 软件最被人津津乐道的特点就是在创建模型过程中保存的是你创建的过程,这个特点最大的优点就是我们可以只需要在某一步骤时修改模型的尺寸,进行重组,而不是全部重新开始,虽然现在大多数建模软件也能做到这一点,但是 Creo 软件是其中的佼佼者。

5.5.2 UG 软件——造型和编程一体化

UG 软件于 1969 年问世,是基于 C 语言开发实现的,该软件满足虚拟产品的设计需求的同时,也可以进行工艺设计,与其说它是一个单独的建模软件,不如说它是一个交互式计算机辅助系统来得更加贴切,不管实体的结构有多么复杂,UG 软件都可以建造出它的 3D 模型。

UG 软件和其他 3D 建模软件相比,最大的特色就是它可以进行编程,对于复杂曲面和复杂结构可以通过编程来实现,难怪有人说只有编不了的程序,没有制造不出来的形状。

UG 软件在机械应用领域有很广泛的用途,属于非常专业的制图软件,它们具有灵活、功能强大等优点。

5.5.3 SoildWorks 软件——教学利器

SoildWorks 软件不仅是世界上基于 Windows 系统开发的三维 CAD 建

模软件，更是受到广大高校师生的喜爱，成为高校教师的教学利器，比如麻省理工大学、斯坦福大学将该软件列为必修课，在国内，清华大学、中山大学、华中科技大学等高校也在利用 SoildWorks 软件进行教学。

SoildWorks 软件基于 Windows 系统开发，其操作界面和 Windows 系统很相似，比如剪切、复制、粘贴等基本操作在 SoildWorks 软件中也可以使用，让我们可以很快适应该软件的操作。在绘制实物的 3D 模型时操作简单，点击按钮就可以在工作状态下绘制相应的图形，不同的颜色代表了图形不同的状态，便于区分。

SoildWorks 软件还可以检查草图的合理性，拥有强大的特征建立能力，是一款功能齐全的 CAD 建模软件。

5.6 其他的 3D 打印软件

目前，市面上常见的 3D 打印产品一般分为两种：一种是没有实物 /
模型，首先三维建模，然后再打印；另一种是已经有实物 / 模型，先用三
维扫描仪扫描，然后进行数据处理，最后进行打印。

近年来，利用 CAD 系统进行建模已经不是唯一可以获得 STL 文件的
方式，我们还可以逆向获得实物的 STL 模型，它可以缩短模具开发的时间
并提高制作竞速，所以学习 3D 扫描技术还是很有必要的。

我们一般利用 VXelements 软件来编辑扫描后的 3D 数据，将扫描图形
导入 VXelements 软件之中然后进行编辑，最后将导出的文件保存为 .STL
格式即可。

有关 3D 打印的软件有很多，甚至还有检测软件，可以检测打印出来
的产品精确度（与原有的比较）。

快问快答

　　熟悉 CAD 建模软件的基本操作之后，是不是感觉终于探寻到 3D 打印是如何生成物体的秘密了呢？建模没有人们想象中那样难，甚至是十分有趣的。

　　在 3D 建模中，我们可以利用 Meshmixer 软件制作出你喜欢的一种小动物，比如一只小猫的模型，利用该软件中的很多动物器官来完成建模，你也可以任意组合，利用"雕刻"工具，只要最终看上去像一只猫就行了。你能简述一下这个建模的过程吗？

第 6 章

3D 打印的"掌舵人"——算法

　　当我们把 STL 文件传入 3D 打印机进行打印时，我们可以看到打印机开始逐层打印了。实际上，在打印之前，我们还需要做很多准备工作，比如切片、扫描路径生成等，算法的应用让这些准备工作变得更加便捷和完善。

　　算法是 3D 打印的掌舵人，了解算法有助于我们进一步了解物体成形的过程，可以帮助我们进一步掌握 3D 打印软件系统的工作流程。

6.1 算法让实物成形更优化

算法决定着模型的精准程度，我们能否将建立的 CAD 模型打印出来，打印出来的实物和 CAD 模型是否足够相似，这一切都由算法来决定。

在打印材料之前，我们需要先将 CAD 三维模型转换为 STL 文件的格式，然而这还不足以让打印设备按照物体"轮廓"进行打印，我们还需要通过 STL 模型的三角形面片和切片平面生成"截面轮廓"，然后按照这些轮廓的路径进行打印，最后原材料逐层累积并打印成形。STL 文件的处理流程如图 6-1 所示。

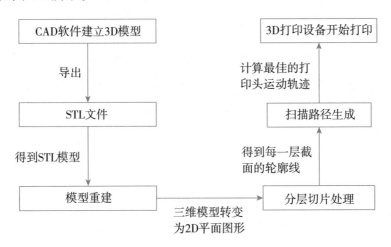

图 6-1 STL 文件处理流程

在上述 3D 打印过程中，为什么我们可以生成准确的"轮廓"，打印出物体的形状呢？即使是一些奇形怪状的零件，比如 U 形体、椭圆形的物体也可以实现，这就要归功于算法了。

算法是确保我们打印的实物可以准确被 3D 打印设备打印出来的根本，它让实物成形更加优化。

3D 百科

3D 打印技术中的算法的作用

在 3D 打印的过程中，很多环节都需要算法来实现。你知道这些算法都有什么作用吗？它们对 STL 文件会产生什么样的影响？

STL 切片算法可以帮助我们快速找到每一层截面的轮廓形状，提高查找效率。

扫描路径生成和填充算法可以用来计算打印头的运动轨迹，提高打印物体的精度、表面质量等，使打印的制件性能更加优异。

支撑算法的应用使得打印物体的结构和形状不会轻易"坍塌"，维持着制件的整体结构。

在建立物体的三维模型过程中，算法的使用保证了物体的成形精度，也提高了效率，是 3D 打印过程中最重要的环节。

6.2　STL 切片算法

6.2.1　STL 文件的数据结构

STL 数据格式简单，处理数据高效，所以被广泛使用，大多数 CAD 建模软件都提供了 STL 文件的接口。

STL 文件由无数个空间小三角形面片构成，那么它的数据结构会是怎样的？是图形还是一系列数据呢？

STL 文件中虽然储存的是三角形面片，但是它的数据存储方式与 ASCII 码相似，当然，也有的 STL 文件会用 Binary（二进制）方式存储。但是二者相比，ASCII 码格式的文件更便于我们读取里面的字符，方便理解和操作，也比较常见。

STL 文件究竟是什么形式呢？使用 ASCII 码表示三角形面片的数据结构形式为：

```
Struct Point
{
axis_X, axis_Y, axis_Z;                   /* 顶点组成 */
vector_X, vector_Y, vector_Z;             /* 法向量 */
}
```

从上述格式中，我们可以很容易看出三角形面片的 3 个顶点的信息以及法向量的 3 个分量的大小，每一行都会以一些关键字作为开头，当我们需要读取 STL 文件中三角形面片信息时，就可以根据这些关键字进行读取。那么，如果是一个完整的 STL 文件，它的数据格式是什么样的呢？也会像上述格式一样吗？ STL 文件的数据格式如下。

```
solid c:/file/demol.stl         /*3D 文件路径和名称 */
facet normal x0,y0,z0           /* 三角形面片的法向量几何数据 */
outer loop
vertex x1,y1,z1                 /* 三角形面片第一个顶点信息 */
vertex x2,y2,z2                 /* 第二个顶点信息 */
vertex x3,y3,z3                 /* 第三个顶点信息 */
endloop
endfacet
endsolid c:/file/demol.stl
```

由 STL 文件的格式，我们看到 STL 文件中存储的是三角形面片的信息，这些三角形面片组成 STL 的三维模型。

6.2.2　STL 文件的读写

计算机如何读写 STL 格式的文件呢？如果我们想要让 STL 文件实现可视化，就需要应用到 OpenGL 编程图形接口。这是处理图像应用最广泛的程序编程接口，它可以跨平台、跨语言应用，功能十分强大，调用起来也很方便。OpenGL 包含的函数种类丰富，多达 700 多个函数，可以对指定物体的模型创建交互式三维应用程序。

读取一个 STL 文件，可以按照以下算法进行读取，步骤如下。

（1）定义一个临时三角形面片 t。

（2）依次读取 STL 文件中的数据结构，即 STL 文件中包含的三角形面片的所有信息，包括法向量和三角形面片的顶点信息。

（3）为所有的三角形面片创建一个链表，每读取一个三角形面片信息就在链表中添加。

（4）判断是否读取完 STL 文件中所有侧面（facet）的数据信息，如果读取完成执行下一步，否则的话返回第二步继续读取。

（5）文件读取完毕，结束读取过程。

我们通过读取 STL 文件就可以读取出文件内三角形面片的信息，进而实现 STL 文件的可视化，观察 STL 模型是否完整。

6.2.3 你不知道的 STL 模型和算法

STL 文件是 3D 打印设备可以识别的文件，为什么凭借这个文件我们能得到物体的外部轮廓信息进而打印出物体的形状呢？

因为根据 STL 文件我们可以得到 STL 模型，STL 模型是 STL 文件中代码的可视化图形。

我们都知道，圆的面积只是一个近似值，我们无法得出它实际的准确面积，因此在计算圆的面积时会将圆分成若干个扇形，当扇形足够小时我们就可以把它看作长方形，扇形数量越多，就越无限接近圆的实际面积的数值。

同样，STL 模型的创建就类似于上述过程。首先，我们利用一系列三角形平面来逼近物体的表面形状（也就是说由无数个三角形网格平面逼近自由曲面，以期望获得近似的模型），最终形成 STL 模型，如图 6-2 所示。

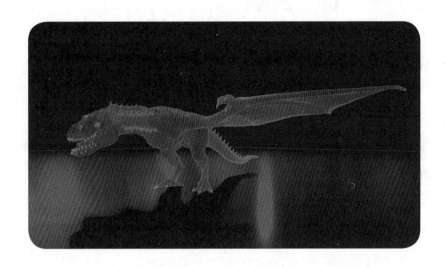

图 6-2　STL 模型视觉效果，模型表面由若干个三角形网格构成

简单来说，STL 模型就像是无限近似于实物的 CAD 模型，三角网格数量越多，两者就越相似，但不会达到完全一样的结果。

为什么会选择用三角形网格来表示曲面呢？因为 3D 打印实物是从长、宽、高等方面进行打印，三角平面的三个方向刚好暗合了这三个维度，这样每个三角形网格平面就可以由 3 个定点和 1 个法向量来表示，三角形面片划分得越小，对实物表面的表示就越精确。

在 STL 文件中储存着这些三角形面片，鉴于 3D 打印的特点——逐层打印，这就代表我们需要将三维的 STL 模型转变为离散的二维平面，所以我们利用一系列平行平面（切片平面）进行切分，使其变成二维图形。

　　我们该如何获得每一层截面的轮廓形状呢？我们利用切片平面将模型切分为平面图形，通过分析三角面片和切片平面的位置关系（相交与否），得到切片平面和三角形面片的交线。

　　使用该方法需要将所有的三角形面片和该切片平面相交，然后把得到的这些交线连接，就会发现原来这个平面图形的形状就是模型在该层的截面轮廓，如图 6-3 所示。

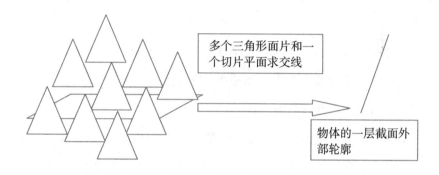

图 6-3　切片平面和三角形面片求交线过程

　　基于上述操作，我们可以得到物体的准确轮廓，但是我们不得不面对这样一个问题：如果利用这种方法计算每一层轮廓，我们需要计算所有三角面片和切片平面的交线，而三角面片的数量多达上万，这样会导致运算量增加，运算时间增加。

　　有没有什么办法可以简化这些流程呢？那就是 STL 切片算法，使用此算法可以有效优化这些流程，有利于提高工作效率，同时也能使实物成形更加精准。

我说你想

STL 切片算法的重要性体现在哪方面?

我们需要将 STL 文件中的 3D 模型离散成平面的二维图形，STL 切片算法可以快速得到每层截面的"轮廓线"，提高了计算速度。想一想，在你的理解中，STL 切片算法是如何提高效率的？它重要的功能是什么？

利用 STL 切片算法可以将上万个三角形面片进行"分类"，这样可以快速得到计算结果，当我们把整个 STL 模型"分类整理"完毕之后，就可以得到每一层截面的轮廓线。

只有经过 STL 切片算法这一步骤之后，我们才能得到离散的 2D 图形，所以 STL 切片算法是从 3D 模型转化为 2D 图形的关键一步，不可或缺。

目前主流的 STL 切片算法有两类。

1. 基于几何拓扑信息的切片算法

为了减少切片平面和三角形面片查找次数，提高交线排序效率，科学家提出可以对 STL 模型进行预处理，比如先建立 STL 模型的几何拓扑信息，然后再进行切片处理。

该算法的关键是利用三角形面片的拓扑关系，使切片和三角面片相交得到的交点变得有序，减少排序时间。

我们需要在算法中建立物体的 3D 模型的几何拓扑信息，比如通过三角形网格的点表、边表和面表建立 STL 模型的整体拓扑信息，然后和三角形面片相交得到有序的交点线段，实现快速切片。

例如一个切片平面 z，我们首先计算出第一个和该切片平面相交的三角形面片 t，两者之间会存在至少一个交点，得到交点坐标。由于我们建立了物体模型的几何拓扑结构，因此我们就可以根据这些信息轻易找到和它相邻的三角面片，然后利用该三角形面片和切片平面 z 再次相交求出交点，如此不断寻找计算，最终回到三角形面片 t，我们就会得到物体在该层的截面轮廓（图 6-4）。

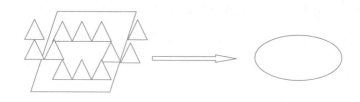

图 6-4   得到封闭轮廓环的过程

利用该算法可以直接获得首尾相连的有向封闭轮廓，减少排序时间，简化建立切片轮廓的过程。对于三角形面片来说，在与切片平面求交点时，只需要计算一个边的交点，节省了计算数量。该算法也有它的局限性，那就是建立一个完整的 STL 模型的几何拓扑信息是非常消耗时间的，如果三角形面片有成千上万个，工作量会非常大。

我说你想

几何拓扑信息在算法中起到什么作用？

为什么创建模型的几何拓扑信息之后就可以得到有序的交点集合

了呢？它的原理是什么？想要明白这一点，我们首先要了解几何拓扑信息是什么。

几何拓扑信息和几何信息不同，它着重研究图形内的相对位置，某一面和哪些面相邻，是由哪些点组成，包括物体的拓扑元素的个数、类型和相互关系。所以，我们一旦建立了模型的几何拓扑信息，就能根据该拓扑信息提取出相邻的三角面片的位置和信息，就减少了排序的时间和求三角形面片和切片平面交点的数量（可以集成相邻面片的一个交点）。

由于STL模型的几何拓扑信息是按照一定顺序排列的，因此我们不用再进行排序，几何拓扑信息在算法中的使用是必要条件。

2. 基于几何特征的切片算法

我们是不是可以考虑不建立整体的几何拓扑信息模型呢？有研究者提出了另一种可能性，那就是利用三角形面片的几何特征进行切片。

三角形面片的几何特征有哪些呢？主要考虑到在切片过程中存在的两个比较明显的方面。

（1）三角形面片和切片平面的相交数量取决于分层的跨度，如果在分层方向的跨度大，那么与之相交的数量就会增加。

（2）获得的相交坐标的顺序会随着三角形面片所处高度的不同有所变化。

利用三角形面片的这两个几何特征，减少切片平面和三角形面片相交次数的运算量可以实现快速切片。

每个三角形面片都有自己的三维坐标系，根据z坐标的最小值和最大值，可以对所有的三角形面片进行排序。

在两个三角形面片中，Z_{min} 的值比较小的排在前面，如果最小值相等，Z_{max} 的值比较小的排在前面。这样，当我们在进行切片时，对于切片高度小于 Z_{min} 的值的三角形面片就不用再进行位置关系的判断了，对于切片高度大于 Z_{max} 的值的三角形面片也无须再进行判断，我们只需要将交线的首尾相连就可以生成截面的轮廓线，如图 6-5 所示。

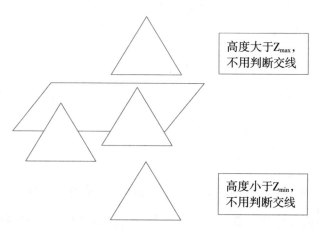

图 6-5　基于几何特征切片算法过程

利用该算法进行切片处理虽然可以加快计算三角形面片和切片平面的相交坐标的计算速度，但是也有它的不足之处，主要体现在以下几个方面。

（1）要先对三角形面片进行 Z 维度上的排序，如果三角形面片有比较多的模型，是非常消耗时间的。

（2）在对切片平面和三角形面片求交点时，需要进行 2 次计算，得到 2 个交点，计算次数增加，运算量变多。

（3）在形成界面轮廓时需要对交线的连接顺序进行搜索判断。

6.3 扫描路径生成和填充算法

6.3.1 常见的扫描路径的方式

当 STL 模型生成截面轮廓线之后，3D 打印机就该进行下一步操作了，那就是扫描路径生成。在 3D 打印技术中，扫描路径的生成实质上就是对打印头路径的控制。对扫描路径的规划和扫描参数的优化可以改善 3D 打印产品的质量，比如提高物体成形精度，改善物体表面光滑度等。

合理的扫描路径规划，不仅可以提高制件的精度，还可以有效减少 3D 打印机的能力消耗，减少实物成形过程中的启停次数，至关重要。国内外一致把路径扫描算法当作一个热点来研究，对它的研究一直不曾停歇。根据扫描路径规划方式的不同，常见的扫描路径方式如图 6-6 所示。

根据以上这些比较基础的扫描路径的方法，有学者结合了单向扫描和多向扫描的优缺点，提出了"分区域扫描路径"的方式，即把截面分成若干个区域，在这些连贯的区域中采取的一种扫描方式，根据不同区域内的特点进行路径扫描规划。比如，可以在 A 区域进行单向扫描，完成之后再进行 B 区域的多向扫描填充,这样设计就会避免扫描 A、B 区域时频繁地跨越型腔,减少了"拉丝"现象。但是,该扫描路径的生成需要的算法比较复杂,具有一定的困难。

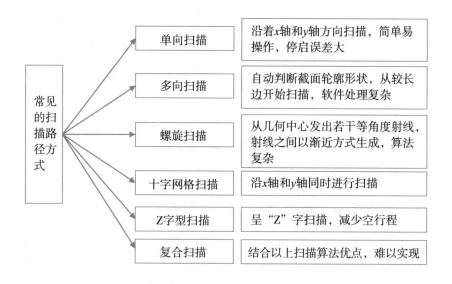

图 6-6 常见的扫描路径方式

还有的学者研究出一种轮廓偏置的扫描算法(偏置扫描),在我们实际打印过程中,容易出现变形和翘曲的问题,该算法就可以解决物体的表面精度问题。其基本算法为首先确定偏移量 D 的大小,如果内外轮廓间距 L 大于偏移量 D 的大小,则将外轮廓上的某点向内偏移 D 的大小,然后逐点进行偏移。我们将所有偏移的点连接起来可以形成一条线,这条线就是偏移线,把这条偏移线作为基准,逐点进行偏移,最后完成偏移,如图 6-7 所示。

此外,还有星形发散扫描和斜向星形发散扫描、分型扫描、基于维诺图的扫描路径生成等扫描方式,它们各有优缺点。

我们可以看到,扫描路径的规划在不断进步,不断向前发展,然后逐步找到 3D 打印设备更加合适的扫描方式和优化算法,提高了扫描路径的算法效率，也提高了制件的精度。

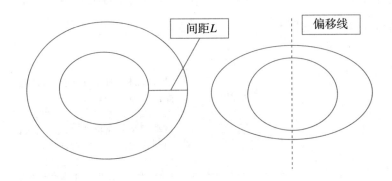

图 6-7　轮廓偏置扫描示意图

6.3.2　混合路径填充算法

在 FDM 工艺技术中，制件容易发生翘曲变形，物体成形的表面精度并不高，如果选择合适的扫描路径算法，合理规划填充路径，就可以提高 FDM 工艺设备的成形精度。

针对提高成形精度这一问题，华中科技大学材料成形及模具技术国家重点实验室提出有针对性的算法——混合路径填充算法。

混合路径填充算法在轮廓偏置（扫描路径规划）和并行栅格（填充算法）的基础上，将两者混合进行填充，其采用轮廓偏置路径扫描算法，在切片数据轮廓周围进行多次填充，然后对数据的外轮廓进行边界内偏置，内轮廓边界进行外偏置，再对重叠比分加以处理，可以有效减少"台阶效应"，改善制件的成形精度和表面质量。

采用轮廓偏置扫描路径的方式会产生没有填充区域的部分，对于这部分我们采用并行栅格扫描的方式进行填充，这种方式可以让物体层内不同位置的材料受到的约束力大小一致，使得打印过程趋近于平行，可以改善制件成形后翘曲变形的问题。该混合路径填充算法的过程可以分为 4 步，具体如下。

1. STL 模型切分轮廓环

把 STL 模型进行切片之后，我们就得到了物体的轮廓环。为了找到最佳的填充路径，我们可以将轮廓环大致分为外轮廓环和内轮廓环，如图 6-8 所示。

图 6-8　轮廓环的划分

物体的内部结构各不相同，有实有虚。外轮廓环包围的物体的区域是实体，而内轮廓环包围的区域是虚的，是孔洞。我们把外轮廓环中包容着内轮廓环的区域叫作单连通区域。

如果一个外轮廓环中既包含内轮廓环，还包围外轮廓环，我们就把它叫作多连通区域，如图 6-9 所示。

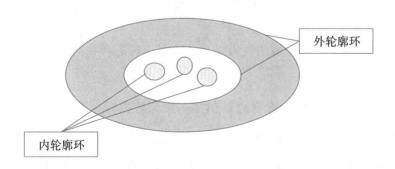

图 6-9　多连通区域

在图 6-9 中，我们可以看到在这个多连通区域中，存在两个外环轮廓，如果我们把多连通区域通过分组划分成单连通区域，在规划路径填充时就会更加方便。这给了科学家启示，即可以通过轮廓环分组的算法找出可以分辨各个轮廓环之间关系的方式，并将这个层面划分成若干个单连通区域，每个单连通区域为一组，在进行二维图形运算时就会简化过程，提高效率。

轮廓环分组的算法是怎样的？过程并不复杂，可以简单分为以下几个步骤。

（1）找出该切片层面所有的外轮廓环

如果将层面中的图形分为单连通区域，那么外环的个数与轮廓环的分组数量应该保持一致，如图 6-10 中有多个外环，所以可以分为多个单连通区域。

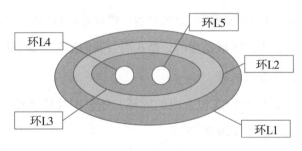

图 6-10　多连通区域划分

（2）根据单连通区域的逻辑关系计算每个轮廓环被其他轮廓环包围的次数

如果一个轮廓环上所有的点和其连线都被包容在另一个轮廓环的内部，就认为这个轮廓环被包容一次。如果轮廓环上的点都落在另外一个环内部，但是在两点之间的连线有和轮廓环相交的部分，那么这两个环就是不包容关系，如图 6-11 所示。

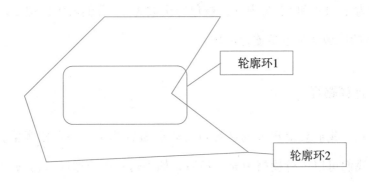

图 6-11　轮廓环相交图

图 6-11 中，轮廓环 1 中一部分的点落在了轮廓环 2 的内部，但是有线段与轮廓环 2 相交，所以两者并不属于包容关系。该条件的设置方便我们判断轮廓环之间的包容关系，只要判断环上的一个点是否落在另一个环所包围的区域即可。

如何判断一个点是否落在另一个环的内部呢？我们可以使用交点计数法，设置总环数为 T，初始值所有轮廓环被包围的次数都为 0，根据此规则，在图 6-10 中，环 L1 位于最外层，不被任何环包容，所以它的包容次数为 0。环 L2 在环 L1 内部，它的包容次数为 1，环 L3 既在环 L1 内部又在环 L2 内部，被两个环同时包容，所以它的包容次数为 2，按照此规则，我们就可以得到每一个轮廓环被包容的次数。

（3）轮廓环分组

轮廓环分组就是将多连通区域划分成多个单连通区域，划分的依据就是单连通区域的特点，外轮廓环和内轮廓环被包容的次数之间的差值是 1。因此，如果内环被包容的次数与外环被包容的次数的差值是 1，那么我们就可以把它们分为一组。

根据这种分组算法，我们可以得出，在图 6-10 中，L3 为外环，被包容次数为 2，L4 和 L5 为内环，被包容次数为 3，我们就可以把 L3、L4 和 L5 组成的区域认为是单连通区域。

2. 计算路径

首先，我们要对单连通区域进行轮廓偏置测试，保存轮廓偏置路径。其次，我们可以进行栅格填充。最后，如果这些单连通区域内的子切片进行偏置后不能计算出内部的填充路径，即并行栅格的路径长度为 0，说明此时不适宜进行栅格填充，我们需要将偏置次数进行减 1 操作，之后继续计算并行栅格的路径长度，直到内部填充路径长度不是 0 或者偏置次数减为 1，此时的栅格填充路径就是我们需要的路径。

3. 合并优化路径

当得到轮廓偏置路径和并行栅格路径之后，我们还需要对这些路径按照宽松原则进行合并优化，并对子切片内部的起点进行排序。经过合并和排序操作后得到的路径具有以下特征：由轮廓偏置路径开始到栅格路径结束，它们二者的复合路径、起点和终点都在实体的内部，并和实体表面具有一定的距离。

4. 倒置

我们经过以上算法得到的混合路径的起点在偏置轮廓路径环上，终点在并行栅格路径上，经过观察发现，路径终点填充质量明显优于起点。我们是不是可以把混合路径进行倒置呢？这样我们得到的物体表面质量是不是会有所提高呢？经过倒置，把并行栅格路径变成起点，轮廓偏置路径变成终点，可以提高实物成形的精度。

轮廓表面采用轮廓偏置扫描填充的方式，可以均匀分布材料，使壁厚均匀。在内部采用并行栅格扫描填充路径，可以均衡温度梯度，减少制件翘曲变形和表面质量精度不高的现象，结合了这两种方式的混合路径填充算法就可以说是具有十分独特的优势了。

我说你想

轮廓环除了是单连通区域还需要满足什么条件呢？

对三维模型进行切片得到的轮廓环我们需要进行轮廓环分组，如果要你进行分组，你会依据什么特点分组？什么样的轮廓环才能进行分组？轮廓环至少要满足以下规则才能实现分组的要求。

（1）轮廓环之间不存在相交关系，使用轮廓环分组的方法得到的轮廓环中各点之间的连线不相交。

（2）一个截面上可以至少存在一个或一个以上的外环，不被任何环所包容。

（3）内环包围的空洞区域不可能单独出现，所以一个内环的出现至少有一个外环包容它。

（4）如果出现内环包容内环的情况，必然代表两环中间存在至少一个外环，该外环包容一个内环同时又被另一个内环包围。

（5）如果出现外环包围外环的情况，代表两个外环之间至少有一个内环的存在。

（6）在单连通区域中，只存在一个外环，内环没有限制。

6.4　支撑生成算法

6.4.1　支撑算法的两种形式

利用 FDM 工艺制造物体时，物体是逐层堆积而成的，如果物体内部有中空的结构，或者随着高度的增加上层截面面积大于下层截面面积的状况，没有支撑结构就很容易发生坍塌，影响物体精度。

添加支撑目前有两种方式。一种是手工添加支撑，对用户的要求高，需要用户对成形工艺比较熟悉；另一种是利用软件自动添加支撑，相比来说更方便。

支撑生成算法有两种形式。一种是基于多边形布尔运算，该算法复杂，可能会生成多余支撑；另一种是基于 STL 模型生成的支撑算法，它不仅可以识别局部支撑，还可以做到准确添加支撑结构，节省材料，该算法是近年来科学家研究的重点。

6.4.2 支撑算法数据结构

STL 文件现已成为快速成形工业的标准，该文件中存放着大量无序的空间三角形面片，我们该如何找到独立的待支撑区域呢？那就是建立拓扑信息结构，对 STL 文件包含的信息进行整理，建立相应的数据结构，然后在有序的数据结构中方便快捷地找到需要支撑结构的区域。

如何在 STL 模型中建立相应的数据结构呢？我们通过编号的方法来建立相邻的三角形面片的关系，将三角形面片顶点和其法向量都按顺序编号，甚至三角形面片的对应边也可以用编号来表示，如图 6-12 所示。这样我们就可以通过查找编号来获取需要的信息了。

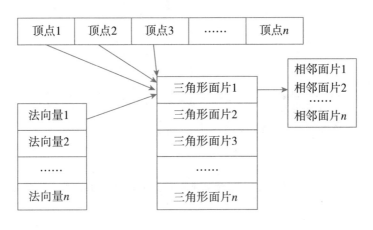

图 6-12 STL 模型编号示意图

6.4.3 待支撑区域识别过程

当我们建立了编号和三角形面片的关系之后就可以通过计算机查询编号来获取待支撑区域的信息了。物体成形过程中，当上层截面大于下层截面时，如果没有支撑结构容易影响零件的成形精度，甚至导致打印失败。

模型支撑区域主要分为待支撑面、悬吊边、悬吊点三种，根据其几何特征的不同，提取算法也有差异。

1. 通过临界角找到待支撑三角形面片

FDM 类型的 3D 打印机在一定的倾斜角范围内并不需要支撑，一旦超过一个角度就需要添加支撑结构。这个角度就是倒塌临界角，如果超过这个角度，物体会因为在垂直方向的重力而倒塌。我们根据测量的三角形面片法向量和 z 轴正方向的夹角来判断，如果大于 β，那么我们就需要在此处添加支撑结构，如图 6-13 所示。

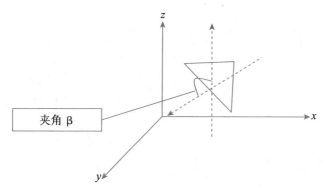

夹角 β

图 6-13　三角形面片与 z 轴方向的夹角

受 3D 打印机的类型、材料的特性、打印参数等因素影响，临界角并不是一个固定值。

2. 待支撑三角形面片合并

我们通过临界角的计算找到了需要支撑的三角形面片，接下来的工作就是将这些三角形面片进行合并。为了减少支撑结构，减少后期的工作量，我们需要将这些独立的三角形面片按照邻接关系进行合并，形成待支撑的区域。

首先，选取一个需要支撑的三角形面片 A；其次，按照搭建的拓扑结构找到和面片 A 相邻的其他 3 个三角形面片 B、C、D；最后，判断这些三角形面片是否需要添加支撑结构，如图 6-14 所示。

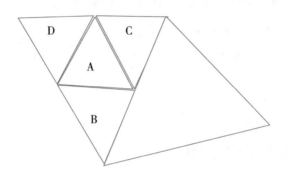

图 6-14 和面片 A 相邻的三角形面片

如果相邻面片 B、C、D 属于待支撑面片，那么将三角形面片 A 从待支撑面片中移除，我们就找到了一个待支撑区域。如果它们不是待支撑面片，我们就需要寻找其他的和三角形面片 A 相邻的待支撑的三角形面片。依次查找完成所有的待支撑面片的方法被称为种子扩散法。

3. 待支撑区域中支撑点的采样

在经过待支撑三角形面片合并的过程之后，我们就可以得到待支撑区域了。但是，如果每个待支撑区域都添加支撑结构，会导致支撑结构过于密集，所以我们需要对这些支撑区域进行采样来保证支撑结构大小合适。通常我们用 4 种方法进行采样，采样方法如下。

（1）边长自适应采样法。使用该采样法能得到均匀分布的采样点，得到的支撑生成区域也比较均匀。

（2）局部最低点采样法。使用该采样方法可以选到该支撑区域内最低点，可以提升支撑生成位置的合理性。

（3）检测点与三角形位置关系采样法。使用该采样方法可以形成合理的支撑区域，支撑生成结构比较完善。

（4）射线与三角形面片交点采样法。该采样法通过三角形面片内部结构进行采样，得到的支撑区域结构稳定。

这 4 种采样方式各有其优缺点，通过采样法我们可以生成比较合适的支撑区域结果。

6.4.4　支撑结构生成过程

我们找到待支撑面片形成待支撑区域之后就可以着手生成支撑结构了，支撑结构在设计过程中，应该注意以下几点。

（1）支撑结构必须具有足够的稳定性和强度。

支撑结构用来支撑打印材料，所以它必须具有一定的强度，可以承受一定的重量来保证零件的顺利打印。

（2）支撑结构要适量使用。

支撑结构不属于零件的一部分，当打印完成之后我们还需要拆除，所以我们应该尽量少用，这样不仅节省材料，还能保证我们的后期工作量不会加大。

（3）支撑结构和模型的接触面积越小越好。

在拆除支撑结构的过程中，我们需要保证不会破坏零件的整体结构，因此支撑结构和模型的接触面积越小，越容易拆除。

对于支撑面四周的轮廓我们常常采样薄壁面进行支撑，对于零件内部的轮廓我们采取网格薄壁的支撑方式。

快问快答

在 3D 物体的成形之路上，从 STL 文件到 3D 打印设备可以识别的文件，物体经历 3D 模型—2D 图形—切片处理—路径规划—打印等一系列变化，这些变化的发生都是由算法决定的。

STL 切片算法是 3D 打印技术中的一个重要算法，那么 STL 切片算法从 3D 模型转换为二维图形的作用是什么？它有什么特点？对于 STL 切片算法的不同方式，你能简单描述它们的成形原理吗？扫描路径生成和填充算法对于物体打印成形又有什么重要的作用呢？

科技打印未来:探索3D打印技术

第 7 章

Gcode 文件
——3D 打印最后一步

　　计算机利用数字模型文件控制 3D 打印机打印出立体物品。在这个过程中，你是不是有这样的疑惑，数字模型文件是怎样转换为机器可以"听懂"的语言的呢？答案就是通过 Gcode 文件。

　　Gcode 文件由一系列 Gcode 代码组成，3D 打印机的固件（打印头等）可以直接识别这些代码指令，根据指令进行移动。这就是 Gcode 代码可以"指挥"3D 打印设备的奥秘。

7.1　切片软件生成 Gcode 文件

　　在生成填充路径与支撑之后，我们就要进行打印工作了。至此，软件部分的处理工作可以说是告一段落了。接下来就是至关重要的一步——生成 Gcode 文件。

　　STL 文件是怎样变成 Gcode 文件的呢？这就涉及切片软件了。打开切片软件（一般使用打印机厂商推荐的切片软件，比如 Cura、s3d 等），导入我们的 STL 文件，在经过切片（即进行分层切片、路径规划、生成支撑的算法的计算，该过程我们无法看到，我们只能在切片软件中进行参数设置）之后我们得到了一个 Gcode 文件，然后将计算机通过 USB 线或者无线网络连接 3D 打印机，3D 打印机就可以直接识别该 Gcode 文件，最后进行逐层打印，切片过程如图 7-1 所示。

　　这中间是一个预处理过程，可以理解为切片软件将 STL 模型切割成片，模拟出打印的路径，最终生成一个 Gcode 文件。当然，根据 3D 打印机类型的不同，有的打印机会生成其他格式的文件。

　　Gcode 文件是 3D 打印设备可直接识别的代码指令，它会控制 3D 打印机的固件做一些准备工作，比如加热打印喷头和平台，抬高喷头，挤出一段丝料，控制风扇的开关等操作。

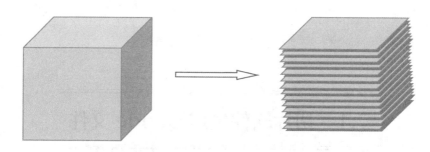

图 7-1　STL 模型被切片示意图

　　3D 打印设备接收到 Gcode 文件之后的工作过程是怎样的呢？首先让打印机进行预热，加热喷头和热床，抬高喷头，挤出丝料在热床上打印薄薄的一层截面（有形状轮廓），然后从下到上逐层打印。

　　每层打印之前，接收到 G0 的代码指令抬高一定高度到相应位置，按照接收到的打印路径挤出丝料。空走命令为 G0，边挤出丝料边走命令为 G1，所有打印层都打印完毕之后，关闭加热，释放电机。

最强大的切片软件——s3d

　　切片软件负责 3D 打印的预处理过程，可以说是 3D 打印的最后一步。在切片软件中我们可以设置层高、壁厚等参数，也可以添加支撑结构，查看 STL 模型，甚至可以看到需要的打印时间和物体重量，是一款十分重要的软件。

　　切片软件是 3D 打印设备自带的软件，工业级的 3D 打印机往往有自己的切片软件。但是也有通用的 3D 切片软件，比如 Cura、Repetier

Host 等。Cura 切片软件适用于所有可以生成 Gcode 代码的 3D 打印机，s3d 切片软件则可以适应多种类型的 3D 打印机。

s3d 被称为"切片之王"，它可以支持数百个品牌的 3D 打印机，并和 30 多个国家的 3D 打印公司合作，使该软件可以和最新的 3D 打印机硬件兼容。除此之外，它的功能强大，工具多样，可以满足切片的需求。

7.2　3D 打印的语言——Gcode 代码指令

7.2.1　Gcode 指令的作用

Gcode 代码是数控程序中使用的指令，它可以指挥机器工具进行相应的操作，比如移动到什么位置，移动的速度保持多少以及移动的路径是什么，在自动化领域之中应用比较广泛。

在 3D 打印技术中，Gcode 代码就承担了上述使命，用来"告诉"3D 打印机的固件该怎么做，是 3D 打印的计算机语言。

Gcode 代码的一般形式为：英文字母（A-Z）+ 数字。不要小看这些英文字母，它们代表着不同的控制命令，常见的字母指令如下。

（1）英文字母 G 用来控制打印头的位置和运动。

（2）字母 E 代表打印头的挤出速度。

（3）字母 F 代表打印头移动的速度，这关系到物体成形的速度和精度。

（4）字母 X 代表着 3D 打印机 x 轴方向的运动。

（5）字母 Y 代表着 3D 打印机 *y* 轴方向的运动。

（6）字母 T 代表一些控制工具。

（7）字母 M 表示一些辅助命令。

我说你想

Gcode 文件和 STL 模型之间的关系是什么呢？

物体的 STL 模型经历分层、切片、路径生成和填充、生成支撑等一系列操作之后，最终会形成 3D 打印设备可以直接识别的 Gcode 文件。但有趣的是，Gcode 文件还可以通过 Cura 软件在 3D 界面上可视化，最终生成 STL 模型。

想一想，为什么会产生这种现象呢？它们二者之间的关系是什么？

Cura 软件中存在 CuraEngine 命令，可以实现模型的大多数操作，比如加载模型、旋转缩放等命令，所以 Gcode 文件也可以"返回"重新生成 3D 模型。

我们可以简单理解为 Gcode 代码就是 STL 模型的 3D 打印语言，是 STL 模型的另外一种表达方式，它们二者本质上代表了同一个物体。

7.2.2　代码的注释

在 Gcode 文件中，并不是所有的信息都和 STL 模型紧密相关，有的代码系统并不需要读出，这个时候就需要添加注释以节省 3D 打印机接收信息的时间，那么该如何对 Gcode 文件中的代码进行注释呢？代码注释参考如下。

N5 G28*22；
N6 G1 F1500.0*82；
N7 G1 X2.0 Y2.0 Z2.0 F3000.0*85

如上述所示，有两行注释部分，即 N5 和 N6 行，系统会直接忽略掉它们，把它们当作空白行。如果我们想让系统忽略代码，可以在代码后面添加分号。

7.2.3　代码的标记

我们如何来判断该 Gcode 代码是正确的呢？这就需要标记代码来帮忙了。RepRap 的固件会把本地计算的值和标记码进行比较，如果二者的数值不同，就会要求我们再次输入。例如：

当然，行码和标记码都可以去掉，但是系统就不会做检查工作了。我们必须同时使用行码和标记码或者同时放弃。

3D 百科

切片软件生成的其他路径文件

并不是所有的切片软件都会将 STL 模型经过处理变成 Gcode 文件的形式，事实上，因为 3D 打印机类型的不同，所应用的工艺、材料等有所区别，生成的路径文件格式也不尽相同。

比如，makerbot 系列的 3D 打印机只能使用自带的切片软件，因为它识别的文件格式是 .3g。

如果你使用的 3D 打印机是基于 DLP 原理的光敏树脂打印机，切片之后你得到的可能是一系列图片，文件格式是 .png。

7.3　Gcode 代码指令和编程

7.3.1　延时指令的应用

Gcode 代码是 3D 打印机的固件，可以识别直接的语言，它们以程序的形式存在，3D 打印机的固件会读取这些信息并按照信息提示进行打印。常见的 Gcode 代码指令可以分为延时指令和即时指令，这两类函数中就包括了我们常见的 3D 打印机的各种操作。

固件会同时接收很多 Gcode 代码指令，但是并不会一下同时处理完毕，所以需要将它们先存放在循环队列进行缓存，然后逐步执行。这样有一个优点，那就是固件可以在接收到一条指令后马上传输下一条，这一组线段可以连续进行打印。

延时指令的作用就是当本地缓存存储满之后，会延时到缓存有多余的空间时才会有应答，常见的延时 G 指令如下所示。

G0：快速移动

代码片段：G0 X20

这个命令代表打印头在 x 轴方向移动的距离 $X=20$ mm，我们也可以用

G1 X20 来表示，两者的效果是一致的。

G1：可控移动

代码片段：G1 X80.2 Y12.1 E11.2

相信你看到这个片段已经有大概的答案了，很明显，此段代码是指把打印头从当前位置移动到目的地（80.2,12.1），E11.2 的意思是挤出 11.2 mm 长的打印丝。

G28：移动到原点

G29-G32：对热床进行检查

以上这些代码指令在循环列队没有缓存空间时并不会给出应答。

7.3.2　即时指令的应用

同延时指令不同，即时指令分为两类，一类是即时 G 指令，另一类是即时 M 和 T 指令，它们虽属于即时指令范围，但执行不同的命令。

1. 即时 G 指令

即时 G 指令非常有"性格"，它往往"不想被冷落"，当所有的缓存命令都被执行完毕之后它才会给出回应，因这些命令导致的短暂停顿不会影响机器的正常性能。常见的即时 G 指令如下。

G4：停顿

代码片段：G4 P200

该条指令代表停顿 200ms，在这个过程中机器仍然是受到控制的，挤出头的温度不会发生变化。

G10：打印头偏移

代码片段：G10 P3 X10.0 Y-10.0 Z0.0 R140 S205

这条代码指令乍一看感觉很复杂，很难理解，但是我们逐条来分析就可以明白它的意图了。

G10 代表打印头进行偏移，P3 代表打印头的名称，即把打印头 3 向 x 轴和 y 轴的方向进行偏移，z 轴保持不动，移动到（10.0，-10.0）的坐标位置处。后续的代码 R140 表示待机时的温度为 140℃，S205 代表开始工作时的温度为 205℃，当然你也可以把这两个温度设为一样的数值，这样在工作和待机时就不会有温度的差别，可以很好保持丝料的状态。

除此之外，即时 G 命令还有很多指令，它们的代码指令和功能见表 7-1。

表 7-1　即时 G 指令的代码及其功能

G 指令的代码	G 指令的示例	G 指令代码的功能
G20	G20	从现在开始，使用英寸作为移动单位
G21	G21	从现在开始，使用毫米作为移动单位
G90	G90	所有坐标设置为绝对坐标，和机器的原始位置相对
G91	G91	坐标变为相对坐标，即所有坐标变为和当前位置相对的坐标
G92	G92 X10 E90	把现在的位置设定为规定的坐标，但机器本身不发生移动

2. 即时 M 和 T 指令

即时指令的另一大类别就是即时 M 和 T 指令，它们控制 3D 打印机的硬件系统，如电动机、加热器等，常见的 M 指令如下。

M0：停止

该命令指令代表所有的操作都会停止，3D 打印设备开始关机，所有的电动机和加热器都会被关掉，如果我们想要重启机器，需要按 Reset 按钮。

M1：睡眠

和常见的电视机的睡眠状态相同，接收到该指令的 3D 打印机的系统会停止所有操作，进入关机状态。此时，电动机和加热器也不会再工作，一旦我们发送 G 命令或者 M 命令，3D 打印机就会重新回到工作的状态。相当于我们的待机键，并不是真正关掉，而是处于一个待机的状态。

M21：初始化 SD 卡

M22：弹出 SD 卡，保护 SD 卡安全，不被病毒入侵

M23：选择 SD 卡上的文件

代码片段：M23 file.gco

SD 卡上的文件 file.gco 将会被载入 3D 打印设备中，准备打印。

在 3D 打印过程中，除了可以直接连接计算机和 3D 打印机上传文件，我们也可以进行脱机打印，即把 Gcode 文件储存在 SD 卡当中，然后插入 SD 卡进行打印。

即时 M 指令也可以设置机器的坐标位置，还可以对电源等进行操作，常见代码指令如下。

M80：打开 ATX 电源

M81：关闭 ATX 电源

M82：将挤出机设置为绝对坐标模式

M83：将挤出机设置为相对坐标模式

M103：关闭所有挤出机

M104：设置打印头（挤出机热头）的温度

有时候我们需要获知当前状态下挤出机和热床的温度，及时调整温度设置需要使用 M105 代码指令。

M105: 获取当前温度

代码片段：M105

当我们发出该指令时，当前的温度会立即返回到控制程序中，我们会得到这样的回复：

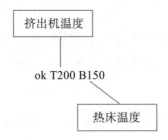

挤出机温度

ok T200 B150

热床温度

这表明当前挤出机的温度为 200 ℃，热床的温度为 150 ℃。

M106：打开风扇

代码片段：M106 S150

该指令代表着打开风扇并将风扇的转速强度设置为 150，"S"表示 PWM 值，其范围是 0 ～ 255，也就说风扇的强度共有 256 个选择。

代码片段：M106 S0

该指令代表着风扇被关闭。

M112：紧急停止

这是一项特殊的指令，轻易不要使用该指令，就像我们平常公共设施中的紧急按钮一样，接收到该指令后 3D 打印设备所有的操作都会被终止，然后立即关闭系统，所有的电动机和加热器都会被关闭，可以按 Reset 键重启。

M113：设置挤出机的 PWM 数值

代码片段：M113 S0.8

该代码指令代表将当前挤出机的速度设置为 80%，放缓挤出基础材料的速度。

代码片段：M113 S0

该代码指令表示关闭挤出机。

M 即时指令也可以获取当前的位置信息，比如 M114，接收到该指令机器将返回当前的 x、y、z 轴方向的坐标位置。

M115：获取固件信息

M116：等待

该指令告诉机器需要等待一定时间，等到温度或者其他变化达到符合条件的数值以后再继续操作。

M 即时指令还对一些操作限制了条件，用于保护机器不受到损伤或确保打印的物体可以有比较好的精度，这些指令代码如下。

M143：设置挤出机最大的温度

代码片段：M143 S245

该代码指令是对加热头的温度进行了限制，最高温度为 245 ℃，一旦机器达到这个温度，就会采取紧急措施，比如停止运转，这是为了防止温度过高对加热头造成破坏。

M201：设置打印头的最大打印加速度

M202：设置打印头的最大移动加速度

M205：高级设置

M207：通过测量 Z 的最大活动范围以校准 z 轴

M208：设置 x、y、z 轴行程的最大值

M209：允许自动回丝

即时 M 指令还可以控制风扇的关闭，比如 M245 代表风扇打开，M246 代表风扇关闭。

即时 M 指令还有一个特别的功能，那就是可以在打印结束时播放结束提示音来提醒我们打印结束了，代码如下。

提示音持续时间

代码片段：M500 S300 P2000

提示音频率

在该命令指令中，我们设置提示音的频率为 500Hz，持续时间为 2s（2 000ms）。

在 3D 打印过程中我们会遇到各种各样的问题，也许是模型不够严密，也许是打印机和计算机连接不当，如果我们懂得一些关键的 Gcode 代码指令，读取出其中比较关键的信息，就可以排除一些问题。

快问快答

我们都知道，利用切片软件可以生成 3D 打印机可直接识别的语言，通过 Gcode 代码指令来控制 3D 打印机。

Gcode 代码指令不同英文字母 + 数字可以表示不同的操作，这些代码是自动生成的，那么我们可以进行人为修改吗？会产生什么结果？

Gcode 指令是 3D 打印机可以"听懂"的语言，那么 Gcode 代码指令经常指挥哪些 3D 打印机硬件设施工作呢？以哪种方式进行指挥？

第 8 章

想象成真，3D 打印技术的应用

　　3D 打印技术刚刚诞生之时，科学家对它抱有极大的期望，想象它可以"点石成金"。经过科学家和研究人员的不懈努力，尽管 3D 打印技术现在还不是很成熟，但 3D 打印技术在各行各业已经初现成果，取得了一定的成绩。

　　3D 打印技术打印出的产品有什么样的优点？它在哪些行业应用比较广泛，给我们带来了怎样的便利？

　　接下来就一起看看 3D 打印技术在各行各业的应用吧，一起看看哪些曾经的想象变成了现实。

8.1 缩短制造周期，提高制造精度

8.1.1 3D 打印在模型行业中的应用

在模型行业中，如何快速制造出精细的产品模型一直是一个难题。传统制造模型的方式是先制造出模具，然后根据模具进行打磨，需要专业人士花费相当长的时间才能制造出一个比较准确的模型，制件越是小巧精细，需要的制造周期就会越长。

3D 打印技术的出现"解决"了相当一部分专业人士的难题，也为模型制造行业带来了曙光。使用 3D 打印技术进行打印，你会发现不仅不用担心精度的问题，就连制造周期都大大缩短了，这就是 3D 打印技术的优势所在。

以齿轮模型为例，齿轮中往往有多个细小的零件，我们需要人工组装，人工打磨每一个细小零件。如果使用 3D 打印技术，就可以进行整体打印，不需要加工，更不需要组装，制造周期被大大缩短，只需要几个小时，而且制件精度很高，如图 8-1 所示。

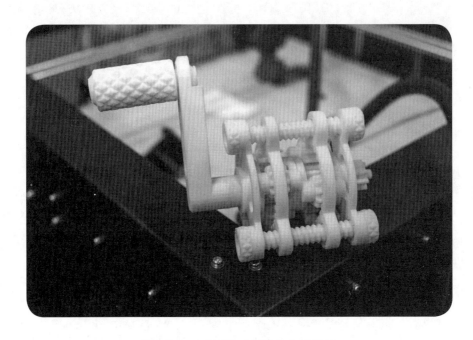

图 8-1　3D 打印技术制造的齿轮模型

如果利用传统方法制造图 8-1 中的模型，我们往往需要进行多个零件的打磨和组装才能得到，现在利用 3D 打印技术进行打印就能一步到位，在不影响精度的情况下，有效减少制作周期。

在制作一些很珍贵的文物或是雕塑的模型时，如果我们利用传统制造工艺制造，需要专业人士花费很长的时间，还存在损伤文物的风险。如果利用 3D 打印技术，我们可以不用时时刻刻观看文物原型，只需要通过扫描软件得到文物的 CAD 模型，然后利用 3D 打印设备打印出来，等待几个小时就可以看到实物，丝毫不会损伤原件，如图 8-2 所示。

3D 打印技术可以实现模型的整体打印，可以有效缩短产品的制造周期，这是传统加工制造行业以现有的技术无法做到的。

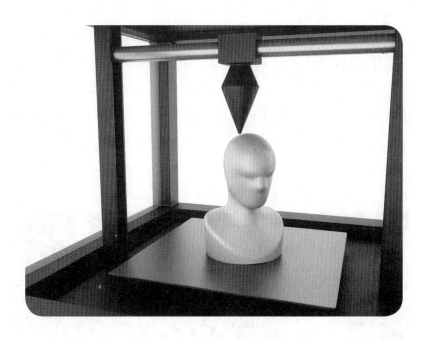

图 8-2　3D 打印雕塑模型

8.1.2　3D 打印在航空航天领域的应用

在失重的状态和隔离的环境中，航天员所需要的物资完全源自地面的供给，这就意味着如果航天设备出现损坏，宇航员无法及时得到地面上的帮助就会束手无策。

使用 3D 打印技术，就会一定程度上缓解这些问题。为什么会首先考虑使用 3D 打印技术呢？因为它不仅制造简单快速，更主要的是 3D 打印的零件精度很高，符合航天设备需求。

航空航天领域用到的零件十分精密，以成像望远镜为例，尽管该望远镜只有 50.8 mm 长，但是它所需要的零件多达 20 到 40 个。如果使用 3D 打印技术将会大大缩短制作时间，快速完成产品的制造，它只需要制造 4 个零件即可，并且可以在打印仪器挡板时偏移角度，减少杂散光。

3D 打印技术打印的航空设备零件可以直接使用，大大节省了原材料，也提高了精度和制作效率，比如 3D 打印的火箭喷射器完全可以满足温度和动力的要求，甚至可以提高火箭发动机组件的性能。

现阶段利用 3D 打印技术打印航空航天设备零件多以金属材料为主，比如钛、钛合金，以 SLS 或者 SLM 类型的设备（精度很高）进行打印（图 8-3）。

图 8-3　金属 3D 打印机的 3D 金属打印成品

设想一下，当某些航天设备出现损坏时，比如设备中的一个螺丝出现了问题，航天员的补给中恰好没有这个零件的备用，但航天员还是很从容，为什么？因为航天员可以利用 3D 打印技术及时打印出所需要的零件设备，而这些零件完全符合标准，可以成功应用在航天设备中，实现设备的运转。有了 3D 打印设备，航天员甚至可以打印食物，实现自给自足。

8.1.3　3D 打印在精密零件中的应用

在电子行业中，有很多精密零件的使用，不仅如此，还要求电子零件的重量足够轻巧。利用 3D 打印技术进行打印，不仅可以有效提高制件精度，而且打印出来的产品也很轻，比如制作电子产品的面板（图 8-4）、外壳、电子电路面板等。

图 8-4　3D 打印面板

现阶段，电子行业中很多零件都需要很高的精度，对零件的硬度、强度等也有很高的要求，使用 3D 打印技术可以一定程度上提高产品的质量，缩短制造周期（图 8-5）。

在一般机械领域中，随着金属 3D 打印技术的发展，在金属打印方面有了很大的进步。我们现在已经可以打印出金属产品了，包括很细微的金属零件都可以打印出来，如图 8-6 所示。

图 8-5　3D 打印零件智能工厂

图 8-6　金属坯的 3D 精确测量

在一般机械领域和电子行业中，使用 3D 打印技术完全可以满足要求，并且超过预期。精度高、浪费少、强度高、耐腐蚀，拥有这样的优点，怎么能让人不喜爱 3D 打印技术呢？

8.1.4　3D 打印在私人定制中的应用

随着科技不断向前发展，3D 打印技术越来越成熟，在定制高端、私人化产品中的优势也很明显，比如制造吉他、珠宝等比较私人化的东西，可以有效缩短制造周期并最大限度满足消费者要求。

3D 打印技术打印物体方便快捷，例如消费者完全可以自己利用 3D 打印设备打印出自己需要的产品，既具有即时性，也能满足消费者的创作欲望，如图 8-7 所示。

图 8-7　3D 打印桌面摆件

利用 3D 打印技术打印小批量产品，在满足顾客需求的同时，能够缩短制造周期，产品的精度也能有所保证，是私人定制中的一大法宝。

3D 百科

用时最短的建筑用房

建造一套房子需要多久？答案是 24 小时。听起来不可思议，这怎么可能呢？那需要多少工人来建造这幢房屋呢？

我们只需要利用 3D 打印机就可以完成房屋的组建，不需要很多工人（图 8-8）。

图 8-8 混凝土机在工业 3D 打印中打印房屋示意图

2014 年，10 幢房屋亮相上海青浦园区，它们被当作当地拆迁工程的办公用房，使用的材料是建筑垃圾，仅仅 24 小时就完成了建造。

无独有偶，2015 年，一幢别墅悄然耸立于西安，这幢别墅仅仅用了 3 个小时就建造完成。

3D 打印技术大大缩短了房屋的制造周期，仅仅数个小时就可以建造出一栋可以使用的房屋，这也许就是未来的发展方向，我们可以利用 3D 打印技术建造更美好的家园。

8.2　助力生物医学，创造不一样的奇迹

8.2.1　3D 生物医学模型的制造

对于医生来说，获得病人的内脏器官模型是一件十分重要的事情，每个病人的内脏器官内部结构各不相同，如果有模型的支持，其手术成功率也会大大增加。

3D 打印技术可以帮助医生获得病人实时的脏器情况，打印出准确的模型，包括里面的内部结构，比如血管、心室等。想象一个这样的场景，当病人做完 CT 扫描之后，3D 打印设备可以根据病人的实际情况打印出模型，这样医生给病人讲解时就会生动很多，病人也不用因为看不明白病历的结论而头疼，这是一件很方便的事情，如图 8-9 所示。

医生可以利用模型向病人讲解病情，医学生也可以利用病人的脏器模型进行学习，对病变原因进行分析，有利于医生医术水平的提高。传统的制造业虽然也可以制造出病人脏器模型，但所需要时间很长，不具备即时性，3D 打印技术的出现让病人脏器模型制作变得更加简单方便（图 8-10）。

图 8-9　医生根据扫描结果打印出牙齿模型

图 8-10　3D 打印出的心脏模型，可看到心脏结构

8.2.2　3D 骨骼植入物的应用

　　3D 打印技术还可以打印人体骨骼等植入物。人体的结构复杂，对于骨骼、牙齿等器官来说，我们完全可以使用某些金属或者塑料进行代替，比如那些需要义肢的病人，传统的方法是将泡沫削成人腿或者手臂的形状，然后做一个模具，最后去除多余部分形成假肢。这样会存在一个问题，即精确度无法保证。

　　3D 金属打印技术在不断发展，现在，我们已经可以利用钛合金作为原材料，通过 3D 打印技术打印出病人的骨骼，使备用替换骨骼能最大限度地贴合病人的实际情况，如图 8-11 所示。

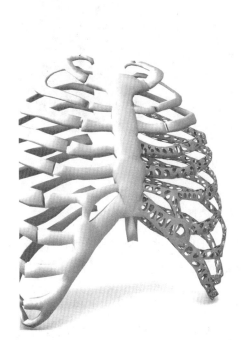

图 8-11　3D 打印的肋骨笼

3D 打印的骨骼植入物、牙齿、假肢等可用于肢体修复。医生利用这些物体可以治疗和救助更多需要肢体体复的人。这些肢体修复的材料比较单一，大多选用陶瓷、钛合金以及一种特殊的坚固的塑料材料。使用 3D 打印技术打印出来的骨骼修复物在临床手术中已经有所应用（图 8-12）。

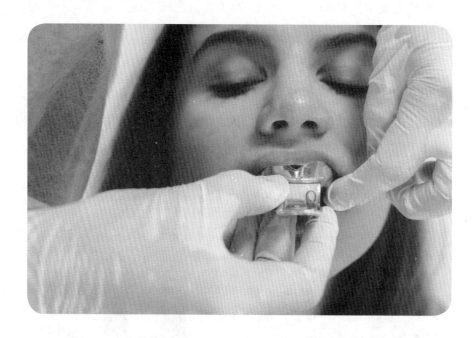

图 8-12　3D 打印技术打印牙齿

据相关报告显示，2016 年全球牙科 3D 打印市场价值达 9 亿美元，预计到 2025 年将会超过 34 亿美元，3D 打印牙齿在不断朝着好的方向发展，未来人们会对 3D 打印牙齿有越来越高的接受度。

在假肢方面，利用 3D 打印技术制造出的假肢可以完全契合人体，甚至可以扫描完整的另一个肢体，然后根据该肢体进行打印。相比较传统的制造假肢的方式，3D 打印技术显然能制造出更符合人体的假肢，如图 8-13 所示。

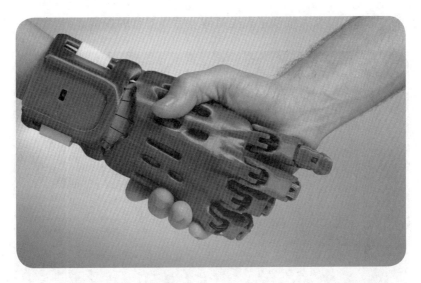

图 8-13　3D 打印假肢

8.2.3　3D 打印活体器官

3D 打印技术在生物医学领域的另一大主要用途是活体器官的打印。现在这一应用虽然还不成熟，但已经取得一定成果。活体器官需要保持活性，有很大的困难需要克服，现在科学家利用"生物墨水"，加上培养基的使用，已经可以打印出血管、组织，甚至肺、肝脏等大型器官，但是这些器官暂时不能在体外存活。

四川蓝光英诺生物科技股份有限公司研制出世界首台 3D 生物血管打印机，该设备可以在 2 min 内打印出 10 cm 长的血管。该生物血管打印机的原材料是"生物墨水"，具有生命的形式，甚至可以打印出血管中多层种类的细胞，如图 8-14 所示。

2019 年 4 月，以色列研究人员利用病人自身的组织作为原材料，打印出全球第一颗拥有血管、心室、心房等结构的"完整"心脏，虽然无法在体外生存跳动，但大大推动了人类对体外活体器官的探索。

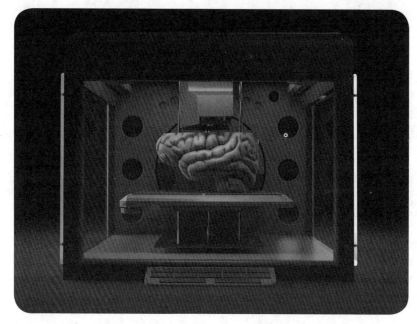

图 8-14　3D 打印软组织

2020 年 7 月，美国研究人员在《循环研究》杂志上发表报告，他们以人类的细胞为原材料打印出了心脏肌泵模型，该模型可以发挥出正常功能，对制造大型腔室有重要启发。

3D 打印活体器官原理虽然简单，但其中困难重重，从材料到技术，都充满着无数的挑战，随着我们不懈的努力，这些困难也许都会被克服。

我说你想

为什么 3D 打印技术在生物医学方面发展如此迅速？

你有没有想过这样一个问题，3D 打印技术涉及我们日常生活的各行各业，为什么在生物医学方面发展如此迅速，很多最新的突破都是关于生物医学行业的呢？这是为什么呢？

生物医学行业复杂而多样，需要用到各种各样的新型技术，一项新型技术的应用往往可以解决很多的问题，这是它的行业性质所决定的。

3D 打印技术在生物医学方面有独到的优势，比如代替传统方法打印器官模型，打印可以直接使用的骨骼植入物，在活体器官打印方面有很高的研究价值，打印可以在体外存活的器官。比起生活中日常用品的打印，一旦 3D 打印技术在生物医学方面得以成功，将会造福无数病人。

8.3 打印汽车及零件，制造更加高效

8.3.1　3D 打印汽车整体

3D 打印可以打印出一辆真正可以使用的汽车？我们对此存在疑问，以前我们都觉得这几乎是不可能的事情，3D 打印技术再成熟，最多也就可以打印汽车模型吧？不仅于此。

2014 年，美国亚利桑那州的 Local Motors 汽车公司利用 3D 打印技术打印出一台可以使用的汽车——Strati，这台汽车可以像其他汽车一样行驶，除了动力传动系统、悬架、电池、线路、挡风玻璃等是传统制造，其他部件都是利用 3D 打印技术制造而成。

相比于传统汽车的零部件数，3D 打印汽车 Strati 零部件很少，只有 49 个，它的制造过程用时很短，仅用了 45 个小时。但该汽车并不像我们所想象的那样强大，它的行驶速度为每小时 60 km，每次充电最多可以行驶 190 ～ 240 km。

3D 打印，让汽车制造有了更新的制造研究方向（图 8-15），也给其他制造业以启发。

图 8-15　3D 打印机在打印汽车

8.3.2　3D 打印汽车零件

3D 打印技术不仅可以打印完整的汽车整体，还可以打印汽车零件，适合小批量复杂零件的加工，比如活塞、护板、螺母等精细产品，提高制造效率。

当 3D 打印技术在汽车行业一展身手时，所有人都不能忽略它的光芒，它让制造更加高效，让汽车制造变得更加简单。

我说你想

3D 打印汽车的优点有哪些？

3D 打印适合小批量复杂零件的生产，汽车似乎更加适合批量生产的方式，但还是有很多企业想要尝试利用 3D 打印技术进行打印。3D 打印汽车究竟有哪些独到之处呢？

3D 打印汽车用时短。传统制造汽车需要生产 20 000 多个零件，然后进行组装；3D 打印汽车零件数目大大减少，制造更加高效且可以保证汽车的精度。

3D 打印汽车设计简单。传统制造汽车需要专门的模具，汽车样式的设计需要提前规定好，不能随意更改；3D 打印汽车可以通过修改 CAD 模型从而改变汽车的设计样式，设计很方便。

3D 打印汽车可以实现高度定制化。3D 打印汽车可以有数个模型，最后让消费者选择出满意的设计，是真正地根据用户需求制造汽车。

8.4　打印服饰，让生活更有趣

8.4.1　3D 打印在衣物方面的应用

你有想过利用 3D 打印机打印出衣服吗？目前，这个设想已经成真。在巴黎的时装周上，我们时不时就可以看见 3D 打印的服装，它们时尚魅惑，充满个性，和科技结合给人一种别样的冲击力。

当 3D 打印技术进军服饰行业，会发生什么有趣的事情呢？我们可以打印鞋子、衣服、饰品，只要你修改 CAD 文件，就可以拥有多变的风格，无需模具。

不管是服装还是鞋子，最重要的产品特点应该是舒适，然后才是美观。舒适的标准有很多，尺寸是其中最重要的一个。

你有过逛街无数次只为了找到一双舒适的鞋子的经历吗？"削足适履"固然是个笑话，但从另外的角度来看，找到一双合脚的鞋子真的太难了，毕竟就算尺寸合适，我们还要考虑脚的形状和特点，如果我们使用 3D 打印技术，通过扫描器扫描自己的脚型制作出 3D 模型，不管你的足型如何，按照该模型打印出来的鞋子想要不适合都困难，如图 8-16 所示。

图 8-16　3D 打印鞋身

3D 打印技术还可以打印衣服，让你随心设计自己想要的衣服的款式，穿起来也更加舒适，可以实现个性化生产，如图 8-17 所示。

仅仅看 8-17 这张图片，你能想象模特身上穿的衣服是用 3D 打印技术打印出来的吗？

这款衣服看上去和传统制造的衣服并没有任何差别，美观大方，材料看上去和普通布料相同。

然而，事实并没有这么简单，服装产业使用的原材料与其他产品很不相同，服装面料有天然纤维和化学纤维，当前并没有研制出可以作为 3D 打印材料的纤维。所以，在 3D 打印服装领域我们经常使用的是 PLA 和 TPU 材料，这两种材料为热塑性塑料，柔韧性好，具有较高的耐磨性和耐腐蚀性。

图 8-17　模特身穿 3D 打印裙子

随着 3D 打印技术的革新，天然纤维也可以用来当作 3D 打印服装的原材料，比如棉纤维、皮革等。目前，我们需要研制新的化学纤维，使之可以适应衣物的特点，其布料柔软程度又能达到纺织品的标准。

由于打印服装时往往需要打印大面积薄层，因此我们还需要专用的 3D 打印设备。和其他产品累积添加不同，衣物有缝合的地方，需要打印多块布料后再"连接"起来，所以还需要"连接"技术。可见，利用 3D 打印服装的道路依旧还很漫长。

8.4.2　3D 打印在饰品方面的应用

3D 打印还可以打印饰品。在珠宝行业中，每个饰品都需要雕琢，会耗费专业人士很多的心思，可是如果使用 3D 打印技术，我们只需要修改设计图然后形成不同的 CAD 模型就可以了。利用 3D 打印技术打印出的饰品精美细致，样式精巧。

当 3D 打印技术应用在服饰行业，我们会发现生活充满了乐趣，毕竟你不知道下一刻你会设计出什么样的产品，可以充分发挥自己的想象力了。

3D 百科

3D 打印可打印有特殊性质的衣物

利用 3D 打印技术打印衣物远比你想象的要复杂，除了原材料不同，还需要用到多种技术，比如 3D 人体测量、服装 CAD、相关服装数据库等。

由于原材料的特殊性，3D 打印的服装虽然在舒适性和柔软程度上差了一点，但是它具有比较特别的性质，比如导电、传热、生物分解性等特点。2016 年，以色列 Nano Dimension 公司制作出具有导电功能的纺织品。

3D 打印技术在服装产品创新设计方面有巨大的优势，我们可以根据自己的意愿来设计衣物的样式、风格等，3D 打印技术将会给服装产业带来新的机遇和挑战。

8.5　打印食品，让生活更便捷

8.5.1　食品 3D 打印机的出现

世界上第一台食品 3D 打印机是 ChefJet Pro 3D 打印机，该打印机体积大小和微波炉相似，可以让厨师充分发挥自己的想象力，打印出具有独特形状和结构的食品。

食品 3D 打印机的出现为食品的另一种制作方式提供了可能。厨师可以利用 3D 打印机将粉末状食材累积成一个整体，或者做出各种形状，从而满足厨师的创作欲。

8.5.2　3D 打印在食品方面的应用

一直以来，中国人对美食颇有研究，对美食的追求可以说是孜孜不倦。你有没有想过，利用 3D 打印技术打印的食物有什么特点呢？3D 打印食物可让食物批量、标准化生产，可以自己动手以满足创作欲，自己定制打印食物。目前，3D 打印食品已经出现了很多种类，比如巧克力、蛋糕、汉堡、糖果、花生酱、蘑菇、水果等，如图 8-18 所示。

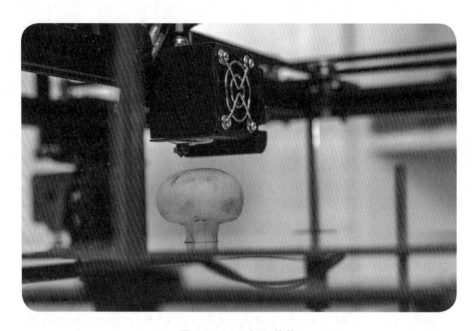

图 8-18　3D 打印蘑菇

3D 打印食品使用的打印原材料通常为粉末状食材，比如面粉、奶油等可以通过打印头挤出来的食材。人们通常使用 FDM 类型的 3D 打印机打印食品，即将食品原材料层层堆积最后形成食物，比如汉堡、披萨等。

3D 食品打印机对食品原材料的状态有所限制，所以对于中国菜系还有所欠缺，难以实现。

3D 食品打印机可以调节烹饪时间，对某些调料的分量也可以精准控制，这是它的优势所在。随着 3D 打印技术的不断革新，相信总有一天 3D 食品打印机会发挥出它的魅力。

快问快答

　　3D 打印在多个领域的创造创新应用，让我们对 3D 打印技术应用的领域有了更加深刻的认识。3D 打印技术可以说是渗透到了我们生活的方方面面，即衣食住行等领域。

　　你见过哪些 3D 打印产品？它们有什么特别的优势让你想要主动使用 3D 打印产品呢？

　　在航空航天领域，3D 打印技术的应用可以减少资源浪费，你认为 3D 打印技术在航空航天领域还有进步的空间吗？为什么？

　　如果你是一名汽车制造商，你会选用什么方式制造汽车，为什么？

　　如果你是一名医生，你会建议病人使用 3D 打印技术制造的骨骼修复物吗？你会如何给病人介绍呢？

第 9 章

展望未来，
3D 打印技术大有可为

3D 打印技术的出现弥补了传统制造技术的不足，是一项新型科技技术，在很多行业大受欢迎。随着科技的不断进步，3D 打印技术正逐渐发展成为制造行业的重要技术。

未来的 3D 打印技术能否有质的突破？ 3D 打印技术又会带给我们怎样的变化呢？这一切都是未知的，我们唯一可以确定的是 3D 打印技术会不断向前发展。

接下来就让我们一起展望 3D 打印技术的未来发展，去畅想 3D 打印技术在未来将会为我们的生活带来哪些改变与惊喜。

9.1　3D 打印产品走进日常生活

现阶段，3D 打印产品已经越来越多，我们生活中常见的塑料摆件、餐桌上的糕点和饼干、家中造型奇特的家具、助听器和人造牙齿、巴黎时装周上的衣服……都有可能是来自 3D 打印。

如果在未来的某一天，3D 打印日常产品已经司空见惯，我们的生活又会发生怎样翻天覆地的变化呢？

也许有一天 3D 打印可以像普通打印那样普遍，我们走进一家 3D 打印店，3D 打印店里有着各种各样的原材料，如金属、塑料、陶瓷、纺织布等，种类丰富。我们需要做的事情仅仅是上传我们需要的物品的设计图像，选择自己想要的材质，然后等上片刻，我们就可以得到自己需要的东西，比如我们可以打印适合自己的鞋帽、衣服、乐器、厨具等。

届时我们会随处见到 3D 打印的产品，这些产品和我们的生活将密不可分，我们也可以随时随地操作 3D 打印机进行打印（图 9-1），打印一些实用、简单的日常生活用品，让我们的日常生活更加便捷。比如某一天，你突然发现自家冰箱的门坏掉了，我们不再焦急地等待维修人员的到来，而是从容地打开计算机，找到自己冰箱的生产商的网址，从中找到设计图，找到对应的零件的 CAD 模型，然后利用自家的 3D 打印机进行打印，最后自己安装。

图 9-1　玩具小车的车轮坏了也可以通过 3D 打印实现换新

3D 打印产品走进千家万户，我们都习以为常，不会再感到惊奇和不可思议，因为这些 3D 打印的产品已经和我们融为一体。比如，未来我们餐桌上的用品包括食物都可以通过 3D 打印机打印出来，我们不用再担心买的家具、餐具不符合自己的审美，我们可以设计自己喜欢的款式和风格，然后将它们打印出来。

想象一下，我们住在由建筑 3D 打印机制造的房子中，里面舒适自然，没有污染。食品 3D 打印机像微波炉一样常见，清晨，我们可以在食品 3D 打印机中放入原材料，等待几十分钟，新鲜热乎的饭菜就出炉了。饭后，我们骑着或驾驶着由 3D 打印机打印的自行车或者汽车出行，穿着由 3D

打印机打印的衣物，然后走到由 3D 打印机打印的道路中欣赏风景，这样的场景多么不可思议，又是多么美好啊。

3D 百科

以 3D 打印机为基础的创客运动

相信很多人都听说过创客运动，也许你就是创客之一。创客运动的本质是大众创新，自己动手创造东西，他们中有设计师、程序员、学生等。

虽然他们身份各异，但他们都在利用 3D 打印机实现自己的创意设计，推动了桌面级 3D 打印机的发展。

创客们利用 3D 打印机制造玩具和小摆件，用双手和创意打造新事物，完成创新产品。也许将来有一天，我们每个人都会变成创客，利用自己的想象力推动科技的进步，丰富自己的生活，让生活变得更加有趣。

9.2　3D 打印技术走进学校和课堂

9.2.1　课堂上的 3D 打印技术

目前，我国只有少数高校和为数不多的研究机构与培训机构开设专业课或者专门研究 3D 打印技术，这也就造成了从事 3D 打印行业的专业人员数量稀少，能够真正掌握这门技术的人更是凤毛麟角。

随着科技水平的不断进步，3D 打印技术终有一天会走进学校，给学生们带去欢乐和知识（图 9-2）。

3D 打印技术会走进高中、初中甚至小学的课堂，孩子们在学校就可以学到 3D 打印技术的相关知识，利用自己的亲身经历去体验 3D 打印技术的神奇。

课堂上的 3D 打印技术是什么样的呢？一定不会是单纯的授课，不会像传统的学科一样由老师讲述理论知识。3D 打印技术的课堂的氛围会欢乐又和谐，学生和老师一起动手创造，场景温馨而幸福。

图 9-2　一名学生在学习使用 3D 打印机

　　当 3D 打印技术走进学生的课堂，会发生什么有意思的事情呢？我们似乎可以想象一群小学生围着 3D 打印设备不停地讨论，看到 3D 打印技术打印实物的过程，他们脸上充满了惊奇，争先恐后地提问题，说着自己的想法。每个学生都构思好了自己的产品，跃跃欲试。尽管他们可能并不了解其中更深层次的知识，比如算法和路径规划，但这并不影响他们的探索热情，他们会想尝试操作机器进行创造，将自己脑海中的东西打印出来。

　　教师利用 3D 打印技术激发学生兴趣，抓住孩子的注意力，3D 打印技术变成了老师手里的法宝。

　　学生利用 3D 打印技术放飞自己的想象，创造属于自己的作品，3D 打印技术是他们欢乐的海洋。他们会利用 3D 打印设备设计作品，作品之中将会包含他们非常珍贵的想法，而这些天马行空的想法终有一天会由他们自己实现并推动着社会不断向前发展。

9.2.2 3D 打印技术会改变传统教育吗？

每一个孩子都是造梦者，3D 打印技术会触发他们的兴趣，抓住孩子的注意力，会弥补传统教育方式的不足，会改变现有的课堂教授课程的方式和模式。

传统教育模式是什么样的呢？老师言传身教，学生心领神会，很少有自己动手实现自己想法的机会，学生被鼓励创新，却因为没有设备和相应的课程被延误。

若干年之后，3D 打印技术会走进千千万万的学校之中，每个学校的学生都可以学习 3D 打印技术，一定会带给他们别样的上课体验。就像当初计算机走进小学生课堂，激发了学生的想象力，科技是一颗造梦的种子。

3D 打印技术会改变传统教育模式，因为 3D 打印技术是一门以动手能力为主的课程，它不再局限于传统的教育方式，它鼓励学生多讨论，多动手，多创造，更多地需要学生的动手操作能力。

对初中生来说，他们对 3D 打印技术已经有所了解，可以熟练操作 3D 打印机，他们逐渐对 3D 打印机的原理感兴趣，想要了解更多知识，他们开始走进 3D 打印技术的大门。

对高中生和大学生来说，他们已经不再满足自己动手操作 3D 打印设备，他们会想要从更高的层次去发展和研究 3D 打印技术，比如自己去开发制造一种新的 3D 打印材料，研究更加优化的成形工艺技术，3D 打印技术之于他们是一个新的世界，是他们想要改变的世界。

3D 打印技术和孩子们是相互促进、相互帮助的关系。终有一天，3D 打印技术会走进学校和课堂，带给孩子们更多的欢乐，带给 3D 打印行业无尽的惊喜。

3D 百科

被复制的云冈石窟

如果说云冈石窟会"漂移"，它从山西大同移到了青岛，你一定会觉得不可思议吧。事实上，利用 3D 打印技术真的做到了这一点。

2018 年 5 月，云冈石窟研究院历时两年完成了石窟的复制工作，这是世界上首次使用 3D 打印技术实现大体量的文物复制。

该复制窟长 17.9 m，宽 13.6 m，高 10 m，和真正的云冈石窟几乎没有差别，还原比例为 1 : 1，连风化的痕迹都进行了还原。

长久以来，我们记录文物图像的方法有很多，但大多数耗时又费力，而且我们无法亲眼看到文物的全貌。如果使用 3D 打印技术进行复制，我们就可以近距离地接触文物，从中学到更多的知识，同时给我们的文物保护工作带来了很大的帮助。

9.3 巧用 3D 打印，减少制作成本

9.3.1 原材料种类变得更加丰富

现阶段，由于 3D 打印产品的原材料和设施的昂贵，原材料的种类有限，只有工程塑料、树脂以及少数的金属合金有所应用，其他类型的材料仍在探索之中，而且有限的几种原材料目前还不能普及，所以现阶段 3D 打印产品的成本还比较高。

3D 打印原材料种类稀少，不能满足我们当前的产品制作的需要，这是 3D 打印产品不能普及的重要原因。虽然现在可以用来 3D 打印的原材料有 300 多种，但在我们实际的生产生活中，原材料的种类远远不够，比如陶瓷、橡胶产品的原材料种类不够丰富，现阶段也难以有突破性的进展。

在 3D 打印产品使用范围方面，3D 打印技术已经可以打印出直接应用的产品（图 9-3），但粉末金属的原材料种类只有有限的几种。我们在日常应用中会使用多种合金，这远远不能满足我们的需求，仍旧需要继续探索。

图 9-3　3D 打印金属零件

　　未来的 3D 打印材料必然会有很大的突破，随着科学家和研究人员的
不断努力，也许有一天我们可以利用 3D 打印机将沙子这一原材料变成玻
璃，在沙漠中打印一条"玻璃之路"，让我们的沙漠探索之路更加顺畅；
我们可以利用 3D 打印技术将橡胶这一原材料变成橡胶制品，让我们产品
的质量更加优良；我们可以利用 3D 打印技术将陶瓷这一原材料变成陶瓷
制品，让陶瓷制品的获得变得更加容易和有趣。

　　随着 3D 打印技术的不断发展，原材料也会越来越普及，我们会研制
出更多的可以使用的材料，打印出越来越多的产品。到那时，原材料的
价格就会降低，制作 3D 打印产品的成本也会随之降低，我们可以利用
丰富的原材料打印出金属产品、陶瓷产品、橡胶产品等生活用品和工业
用品。

9.3.2　成形工艺更加成熟

现在虽然有多种打印物体成形的方法，但它们各有优缺点，尤其是工业上使用的成形方法，我们现在仍在不断地探索改进中。

目前，主流的成形工艺有 6 种，其他的成形工艺仍旧在不断探索之中。未来我们会发现更多的成形工艺，比如棉花这一原材料，我们会根据棉花的特性研究出成形工艺。

针对每种材料性质的不同，我们需要研制出更佳的 3D 打印原材料，找到最佳的成形工艺的方法。比如，工程热塑料本身具有粘合性，不用添加粘结剂，陶瓷材料本身不具有粘合性，需要粘结剂的使用，工程塑料使用 FDM 成形工艺就可以满足使用要求，而陶瓷材料需要利用 SLS 成形工艺。

当我们的原材料的种类极大丰富之后，找到适合的成形工艺，辅助数字模型文件，我们就可以打印出质量佳、成本低的产品，那个时候 3D 打印技术也许会变成制造业不可或缺的中流砥柱。

我说你想

3D 打印可以取代传统生产制造吗？

相对于传统制造，3D 打印技术的优点有很多，具体如下。

（1）可以减少原料的浪费。

（2）能够实现个性化定制。

（3）可以制造内部结构精巧的产品。

3D 打印优点很多，我们是不是可以从此以后只利用 3D 打印技术生产产品了呢？你觉得这样的事情会不会在未来的某一天真的实现呢？

3D 打印技术虽然能够减少原材料的浪费，但不代表它的制作成本低，由于 3D 打印技术使用原料的特殊性，某些原料的价格比较昂贵，加上工业级的 3D 打印机都比较昂贵，每次打印产品都只能打印一个，因此无法实现大批量生产。

3D 打印和传统制造各自有各自的优势，不存在取代关系，它们互相弥补，相互促进。

9.4 减少浪费，保护环境

9.4.1 3D 打印技术 VS 传统制造业

"保护环境，人人有责"这句口号道出了我们每个人的责任和义务。环境污染，一直是个令人忧心的问题，如何减少环境污染成了我们当前必须解决的任务，我们可以采取哪些措施呢？比如减少利用传统制造方式生产产品，使用 3D 打印技术制造产品。

传统制造业生产产品时会使用石油、煤炭作为能源，石油和煤炭在燃烧过程中不仅会释放有毒气体，还会产生大量的温室气体。

不仅从产品的制造到运输产生的温室气体是对大气层的一种破坏，生产废料也是对生态平衡的破坏。

某些产品的废料，尤其是我们生活中常见的塑料制品，大多数是不能回收的，而且这些塑料废品不能降解，会存在近十年的时间，在土地、海洋中随时可以看见它们的身影，形成"白色污染"。

3D 打印技术就提供了一种更为清洁和环保的生产产品的方法。首先，3D 打印有效减少了温室气体的排放量，因为 3D 打印技术依靠 3D 打印机和计算机等硬件设施工作，以电为动力驱动其工作。如果顾客想要获得某些产品，完全可以自己在家打印或者去附近的 3D 打印店进行打印，这就可以减少生产制造中温室气体的排放。其次，3D 打印技术使用的塑料原材料大多为 PLA 材料，该材料是一种新型环保材料，可以降解，有效保护环境。

3D 打印技术可以有效减少环境污染，减少废料的产生，还体现在 3D 打印高利用率这一方面。纵观制造行业发展史，还没有一项技术可以像 3D 打印技术这样，使原材料的利用率接近百分之百。如果利用 3D 打印技术打印金属制品，那些多余的粉末还可以再回收利用，不会污染环境。

3D 打印技术对比传统制造业，毫无疑问，3D 打印技术可以实现更加绿色环保的制造，如果可以推动 3D 打印技术的发展，就可以更好地保护我们的环境。

9.4.2　减重也能减少污染？

"重量减轻可以减少污染"，相信很多人对这一说法感到不可思议，这里的减少污染是指减低二氧化碳的排放，主要针对飞机、汽车等大型设备。比如飞机的重量每减少 1kg，其消耗的燃料就会减少大约 600L，排放的二氧化碳的含量就会减少更多。

如何减轻这些大型设备的重量呢？它们都是通过组装而成，方法之一就是尽量减少产品的零部件。如果一个产品的零部件越多，生产该产品消耗的资源就会越多，产生的污染也会越多，所以从某种程度上说，减少产品的零部件数量，可以有效减少污染，就像我们的 3D 打印汽车，如图 9-4 所示。

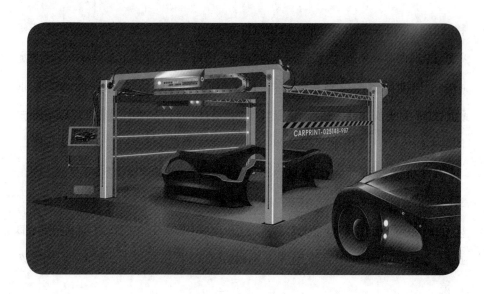

图 9-4　3D 打印汽车

　　3D 打印技术可以有效减少产品零部件。以电动摩托车为例，2018 年
12 月，德国的一家公司发布了世界上第一款 3D 打印电动摩托车，该摩托
车仅由 15 个部件组成，摩托车的轮胎、车架、座椅都是 3D 打印制造，摩
托车的重量只有 60kg，可以有效减少燃料的使用，减低碳排放量。

　　很多公司都在探索，如何在不影响产品质量的情况下，减轻产品的重
量，而 3D 打印技术就是一个不错的选择，利用 3D 打印技术打印的零件
轻巧灵活，可以代替原有的笨重的零件，可以减少存储空间，也可以减少
浪费，保护环境。

我说你想

3D 打印技术如何减少环境污染？

　　首先，3D 打印制造产品可以显著减少硫化物等污染环境的气体排

放。目前，我们制造产品的方法多是利用煤炭燃烧产生动能，带动机器运作，如果我们利用 3D 打印技术，不使用煤炭作为能源，就会大大减少废气所造成的环境污染。

其次，3D 打印产品可以减少某些污染环境的原材料的排放。有些产品的原材料本身是无法分解的，比如塑料制品，如果使用 3D 打印技术，可以使用绿色健康可分解的 PLA 材料，几乎不会污染环境。

最后，3D 打印技术的高利用率可以减少"废料"的产生。3D 打印技术的原材料利用率很高，我们可以利用这一点尽量减少废料的产生，这样既可以减少成本，又可以减少污染。

3D 打印技术减轻环境污染还表现在哪些方面呢？仔细回想一下 3D 打印技术的特点，你能想到几个呢？

9.5 3D 打印时代的得与失

9.5.1 我们得到的是什么？

3D 打印技术的发展，带给我们很多益处，我们不仅得到了快速节能的制造方法，还减少了对环境造成的伤害。

我们在电影中有时会看到这样的一幕，人们在海底的透明隧道中自由来往出行，这一幕或许可以依靠 3D 打印技术实现。

2019 年 5 月，我国自主研制的"一航津平 2"深水整平船实现了海底铺路的目标，在江苏南通下水。这是我国第五代深水整平船，同时也是一台巨大的 3D 设备，它的多项性能处于国际领先水平，可以实现基准定位，输送石料，高精度铺设整平，还可以进行质量检测验收，它的出现可以让海底隧道铺路的速度变得更加迅速，也让我们看到了 3D 打印技术的巨大潜力。

3D 打印技术带给我们无与伦比的效率，以打印汽车为例，传统制造工业生产汽车需要几个月甚至更长的时间，但 3D 打印技术打印一辆可以行驶的汽车仅仅需要 45 个小时，就完成了从打印到组装的全过程。不仅如此，3D 打印汽车将更加环保，和动辄浪费很多钢铁材料的传统制造汽车相比，3D 打印技术几乎不产生什么废料，十分节能和环保。

各行各业都逐渐开始使用 3D 打印技术，航空航天中 3D 打印技术的应用让我们不再担心制件的精度问题，电子行业中 3D 打印技术的应用让我们不再担心强度和耐腐蚀性的问题，生物医疗中 3D 打印技术的应用让我们不再担心相容性的问题……

我们进入 3D 打印时代，制造效率更加高效，制造质量更加优良，对我们的环境更加友好。3D 打印时代的到来，我们得到了很多东西，我们看到了更加清洁、绿色的未来，也看到了未来科技的发展方向。

9.5.2　我们将失去什么？

任何事物都有两面性，3D 打印技术也不例外。3D 打印技术虽然有很多优点，但如果人们不能恰当使用它，就会引发严重的后果，可能产生新的社会危害，甚至给人们的生命带来危胁。

3D 打印机的普及使得打印武器、药品和劣质产品变得更加容易，3D 打印机小巧容易获得，可以打印出人们想要设计的任何产品，不用建厂，只需要拥有一台 3D 打印机和相应的数字模型文件，因此容易被犯罪分子利用，成为作案工具。

3D 打印让我们收获更多科技成果，也带来一些潜在的危害。3D 打印技术本身并没有错，但是以下已经或可能产生的危害不得不引起我们的深思。

1. 打印枪支、弹药等武器

2012 年，有国外网友在网络上传了步枪的设计文案，使用该文案可以打印出以塑料为原材料的复制枪。几个月之后，就有另一个国外网友利用

3D 打印技术打印出了一个可以正常使用的枪支，虽然枪的主体是塑料的，但是它的子弹是金属的，可以发射 200 颗子弹，给人造成伤害。

2013 年，第一把 3D 打印金属手枪问世，该手枪由美国德克萨斯州奥斯汀的 3D 打印公司制造，射击距离超过 27 m。

由 3D 打印枪支问题引起的道德冲突和法律冲突吸引了很多人的关注，这是 3D 打印技术在法律层面的争议，试想一下，如果不对私自打印武器的行为加以有效限制，这就意味着人们可以随时制造枪支或者其他危险武器。

使用 3D 打印技术制造武器等危险品是一件很可怕的事情，容易造成武器的滥用，危害社会安全，这是 3D 技术发展不可避免且必须解决的问题。

2. 打印特制药品

利用 3D 打印技术打印出来的药品内部具有丰富的孔洞，可以被少量的水迅速熔化，拥有更好的特性。如果可以利用 3D 打印技术打印药品，一定会极大程度减低药品的价格。

2015 年 8 月，Aprecia 制药公司利用 3D 打印技术打印出世界上首款左乙拉西坦速溶片，为吞咽药品有障碍的病人解决了服药困难。

但同时我们需要注意，如果对打印药品的行为不加以规范，也许会发生难以预料的后果。

药品之间会发生很多不可预料的化学反应。想象一下，如果人们可以随意打印药品，混合不同药品的比例进行打印，也许产生的药品会具有不可预测的毒性，这样的场景该有多可怕！

3. 引发知识产权争论

由于 3D 打印技术可以完美复制商品，因此关于 3D 打印的商品的知识产权就有了很多争议，怎样算作侵权？利用 3D 打印技术打印自己喜欢的卡通人物、日常摆件算是侵权吗？对已有的东西进行再加工，知识产权属于谁？

由于 3D 打印技术的相应法规并不完善，这一系列问题至今没有明确答案，我们该怎样维护自己的权益呢？

我们应该对 3D 打印技术的使用进行规范和法律的制约，否则它很容易被犯罪分子利用。我们在利用 3D 打印技术创造利益时也不能忽视它带来的弊端，要注意减少甚至杜绝这些问题的发生。

快问快答

作为一项新兴技术，3D 打印技术有着巨大的发展潜力，但也存在很多不可预知的研究困难，突破这些困难我们就可以迎来更加美好的明天。

你觉得，3D 打印技术在未来将会如何改变我们的生活呢？它还会有哪些新的发展与应用呢？

3D 打印技术在哪些领域的创造创新让你惊叹？当前，有哪些 3D 打印技术的畅想是很快会实现的？未来，制约 3D 打印技术发展的因素有哪些呢？

参考文献

[1] 吕鉴涛.3D打印原理、技术与应用[M].北京：人民邮电出版社，2017.

[2] 胡迪·利普森，梅尔芭·库曼.3D打印：从想象到现实[M].赛迪研究院专家组，译.北京：中信出版社，2013.

[3] Liza Wallach Kloski，Nick Kloski.爱上3D打印[M].王玫芳，译.北京：中信出版社，2013.

[4] 高帆，杨海亮.3D打印技术基础[M].武汉：华中科技大学出版社，2019.

[5] 工业和信息化部工业发展中心，王晓燕，朱琳.3D打印与工业制造[M].北京：机械工业出版社，2019.

[6] 章峻，司玲，杨继全.3D打印成型材料[M].南京：南京师范大学出版社，2018.

[7] 中国机械工程学会.3D打印 打印未来[M].北京：中国科学技术出版社，2013.

[8] 沈冰，施侃乐，李冰心，等.3D打印一起学——123D Design [M].上海：上海交通大学出版社，2017.

[9] 宗学文，周升栋，刘洁，等.光固化3D打印及光敏树脂改性研究进

展 [J]. 塑料工业，2020，（1）：12-17.

[10]　宋廷强，刘亚林，张敏. 基于 STL 文件的柱状支撑结构自动生成算
法 [J]. 工计算机测量与控制期刊，2018，（26）：277-282.

[11]　田仁强，张义飞. 快速成型中 STL 模型直接切片新算法研究 [J]. 机
床与液压杂志，2019，（16）：55-59.

[12]　王延庆，沈竞兴，吴海泉. 3D 打印材料应用和研究现状 [J]. 航空材
料学报，2016，（4）：89-98.

[13]　张文毓. 3D 打印陶瓷材料的研究与应用 [J]. 陶瓷，2020，（6）：
40-44.

[14]　顾冬冬，张红梅，陈洪宇，等. 航空航天高性能金属材料构件激光
增材制造 [J]. 中国激光，2020，（47）：5.

[15]　人类首次在太空 3D 打印生物器官：俄宇航员打印出老鼠甲状腺 [EB/
OL]. https://baijiahao.baidu.com/s?id=1619420806369282036&wfr=sp
ider&for=pc，2018.12.10.

[16]　3D 打印出的心脏肌泵功能正常 [EB/OL]. http://www.xinhuanet.com/
science/2020-07/17/c_139218882.htm，2020.7.17.

[17]　海底铺路"3D 打印机"来帮忙 [EB/OL]. https://baijiahao.baidu.com/
s?id=1633463017035383940&wfr=spider&for=pc，2019.5.14.

[18]　全球首款能开 3D 打印汽车 Urbee[EB/OL]. https://auto.163.com/13/
0623/09/921TJU8R000853RO.html，2013.6.23.

[19]　3D 打印技术的发展概览 [EB/OL]. https://mil.ifeng.com/c/7pdEDXfRGnp，
2019.9.1.

[20]　以色列研究人员称 3D 打印出全球首颗"完整"心脏 [EB/OL].
https://baijiahao.baidu.com/s?id=1630958421656654536&wfr=spider&
for=pc，2019.4.16.

[21] 陈林芳 . 3D 打印技术在汽车制造与维修领域应用研究 [J]. 时代汽车，
2020，（13）：186-187.

[22] NASA 开辟 3D 打印火箭发动机零件新技术 [EB/OL]. http://news.cnr.
cn/native/gd/20150429/t20150429_518423639.shtml，2015.4.29.

[23] 新飞船搭载"3D 打印机"我国成功完成首次太空"3D 打印"[EB/
OL]. https://baijiahao.baidu.com/s?id=1665995074867176152&wfr=sp
ider&for=pc，2020.5.7.

[24] 中国研制出全球首台 3D 血管打印机 [EB/OL]. https://news.ifeng.
com/a/20151026/46004076_0.shtml，2015.10.26.

[25] 西班牙开发出"终结者"塑料可自我修复 [EB/OL]. http://news.
youth.cn/gj/201309/t20130917_3893863.htm ，2013.9.17.

[26] 陈继民 . 3D 打印技术基础教程 [M]. 北京：国防工业出版社，2016.

[27] 段宣政，赵菲，王淑丹，等 . 国内外金属 3D 打印材料现状与发展
[J]. 焊接，2020，（2）：49-55.

[28] 夏雪 . 浅谈我国 3D 打印陶瓷材料及产业化发展 [J]. 陶瓷，2017，
（5）：9-12.

[29] 闫春泽，史玉升，文世峰，等 . 激光选区烧结 3D 打印技术（上)[M].
武汉：华中科技大学出版社，2017.

[30] 杜宇雷，孙菲菲，原光，等 . 3D 打印材料的发展现状 [J]. 徐州工程
学院学报（自然科学版），2014，（1）：20-24.